气象装备质量监督
实验室质量管理体系建设实践

主 编：侯 柳 姬 翔
副主编：胡 平 卢 怡 刘 伟

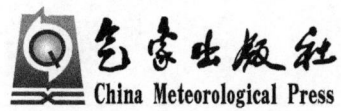

内 容 简 介

本书是根据气象装备质量监督实验室的特点和实践所建立的实验室管理体系文件,在编写中充分考虑国家资质认定和 CNAS 相关规定,提供了一套符合实验室认可的质量手册、程序文件、记录表格参考实例。本书旨在为各级气象装备检测检验机构提供一个范例和参考,本书适用于实验室人员对 ISO/IEC17025:2017《检测和校准实验室能力认可准则》的学习和理解。同时对实验室管理者和实验室的管理部门做好实验室的各项管理工作有所裨益,不断提高检测能力和管理水平。

图书在版编目(CIP)数据

气象装备质量监督实验室质量管理体系建设实践 / 侯柳,姬翔主编. -- 北京:气象出版社,2021.7
ISBN 978-7-5029-7482-4

Ⅰ. ①气… Ⅱ. ①侯… ②姬… Ⅲ. ①气象观测—设备—质量监督—实验室管理—质量管理体系 Ⅳ. ①P414

中国版本图书馆CIP数据核字(2021)第129933号

气象装备质量监督实验室质量管理体系建设实践
Qixiang Zhuangbei Zhiliang Jiandu Shiyanshi Zhiliang Guanli Tixi Jianshe Shijian

出版发行:气象出版社
地　　址:北京市海淀区中关村南大街46号　　　　邮政编码:100081
电　　话:010-68407112(总编室)　010-68408042(发行部)
网　　址:http://www.qxcbs.com　　　　E-mail:qxcbs@cma.gov.cn
责任编辑:隋珂珂　　　　　　　　　　　　　终　审:吴晓鹏
责任校对:张硕杰　　　　　　　　　　　　　责任技编:赵相宁
封面设计:博雅锦
印　　刷:北京中石油彩色印刷有限责任公司
开　　本:787 mm×1092 mm　1/16　　　　　印　张:16
字　　数:430千字
版　　次:2021年7月第1版　　　　　　　　印　次:2021年7月第1次印刷
定　　价:86.00元

本书如存在文字不清、漏印以及缺页、倒页、脱页等,请与本社发行部联系调换

本书编委会

主　编：侯柳　姬翔
副主编：胡平　卢怡　刘伟
编　委：张伟　夏璐怡　董克非　丁君鸿　王华
　　　　王枫　褚进华

本书编写组

主　笔：卢怡
撰稿人：刘伟　夏璐怡　褚进华

前　言

中国气象局上海物资管理处（以下简称"物管处"）成立于1954年，长期承担全国气象装备产品的供应和保障业务，负责全国地面观测设备、探空观测系统以及消耗器材、备品备件的计划供应、组织生产、出厂验收任务，负责全国人工影响天气地面作业装备的驻厂和出厂验收。

近几年，物管处先后建成了国家级气象计量分站、国家级探空仪质量检测实验室、国家级能见度计量检测实验室、自动土壤水分观测仪检测实验室等，组建了气象装备质量监督检验中心（以下简称"质检中心"）；具备了对气象温度、气象湿度、大气压力、太阳和地球辐射、土壤水分、能见度等气象设备及传感器的检测能力，可开展探空仪及改进型探空仪的质量评估工作，以及相关的高低温、湿热交变、低气压等环境适应性试验。2018年，质检中心根据国家资质认定和中国合格评定国家认可委员会（CNAS）《检测和校准实验室能力认可准则》的要求，在国家气象计量站的支持和帮助下，建立了实验室管理体系并在运行过程中不断优化，最终形成了一套规范、科学、合理、适合于质检中心业务现状的实验室管理体系。2020年9月22日，质检中心正式获得CNAS实验室认可，同年9月29日获检验检测机构资质认定（CMA）。

本书是在国家气象计量站的体系文件基础上，结合物管处气象装备质量监督实验室的特点和实践所建立的实验室管理体系文件，提供了一套符合实验室认可的质量手册、程序文件、记录表格参考实例。本书旨在为各级气象装备检测检验机构提供一个范例和参考，同时也适用于实验室人员对ISO/IEC17025：2017《检测和校准实验室能力认可准则》的学习和理解。同时对实验室管理者和实验室的管理部门做好实验室的各项管理工作有所裨益。

本书第1～3章、第6～7章由刘伟编写，第4章、第8章由卢怡编写，第5章、第9～11章及附录由夏璐怡和褚进华共同编写；全书由卢怡负责统稿。

鉴于编写时间仓促，书中难免有许多不尽人意和疏漏之处，如有不当之处，恳请读者批评指正。

编委会

2021年3月

目 录

前言

第一部分　气象装备质量监督检验中心质量手册

第1章　概述 …………………………………………………………………………… (3)
　1.1　简介 ………………………………………………………………………………… (3)
　1.2　质量方针、目标和承诺 …………………………………………………………… (4)
　1.3　质量手册管理 ……………………………………………………………………… (4)
第2章　通用要求 ………………………………………………………………………… (7)
　2.1　公正性 ……………………………………………………………………………… (7)
　2.2　保密性 ……………………………………………………………………………… (8)
　2.3　组织结构 …………………………………………………………………………… (8)
第3章　资源要求 ………………………………………………………………………… (12)
　3.1　总则 ………………………………………………………………………………… (12)
　3.2　人员 ………………………………………………………………………………… (12)
　3.3　设施和环境 ………………………………………………………………………… (13)
　3.4　设备 ………………………………………………………………………………… (14)
　3.5　计量溯源性 ………………………………………………………………………… (16)
　3.6　外部提供的产品和服务 …………………………………………………………… (17)
第4章　过程要求 ………………………………………………………………………… (20)
　4.1　要求、标书和合同的评审 ………………………………………………………… (20)
　4.2　方法的选择、验证和确认 ………………………………………………………… (21)
　4.3　抽样 ………………………………………………………………………………… (22)
　4.4　检测和校准物品的处置 …………………………………………………………… (23)
　4.5　技术记录 …………………………………………………………………………… (23)
　4.6　测量不确定度的评定 ……………………………………………………………… (24)
　4.7　确保结果的有效性 ………………………………………………………………… (25)
　4.8　报告结果 …………………………………………………………………………… (25)
　4.9　投诉 ………………………………………………………………………………… (27)
　4.10　不符合工作 ……………………………………………………………………… (28)
　4.11　数据控制和信息管理 …………………………………………………………… (29)

第 5 章　管理体系要求 …… (31)
5.1　总则——管理体系方式 …… (31)
5.2　管理体系文件 …… (31)
5.3　管理体系文件控制 …… (32)
5.4　记录控制 …… (33)
5.5　应对风险和机遇的措施 …… (33)
5.6　改进 …… (34)
5.7　纠正措施 …… (35)
5.8　内部审核 …… (36)
5.9　管理评审 …… (36)

第二部分　气象装备质量监督检验中心实验室程序文件

第 6 章　通用要求程序 …… (41)
6.1　保证公正性和诚实性程序(SHWGCLAB-PD01-18) …… (41)
6.2　保护客户机密信息和所有权控制程序(SHWGCLAB-PD02-18) …… (45)

第 7 章　资源要求程序 …… (49)
7.1　人员监督和能力监控管理程序(SHWGCLAB-PD03-18) …… (49)
7.2　人员培训和考核程序(SHWGCLAB-PD17-18) …… (54)
7.3　环境控制程序(SHWGCLAB-PD18-18) …… (59)
7.4　实验室安全和内务管理程序(SHWGCLAB-PD19-18) …… (63)
7.5　仪器设备管理程序(SHWGCLAB-PD24-18) …… (66)
7.6　计量标准管理程序(SHWGCLAB-PD26-18) …… (73)
7.7　标准物质管理程序(SHWGCLAB-PD39-18) …… (76)
7.8　测量可溯源程序(SHWGCLAB-PD25-18) …… (79)
7.9　期间核查程序(SHWGCLAB-PD27-18) …… (84)
7.10　校准和检测分包管理程序(SHWGCLAB-PD07-18) …… (91)
7.11　外部服务和供应品采购管理程序(SHWGCLAB-PD08-18) …… (95)

第 8 章　过程要求程序 …… (102)
8.1　服务客户工作程序(SHWGCLAB-PD09-18) …… (102)
8.2　检定/校准和检测工作管理程序(SHWGCLAB-PD31-18) …… (105)
8.3　现场检定/校准和检测工作管理程序(SHWGCLAB-PD32-18) …… (112)
8.4　合同评审控制程序(SHWGCLAB-PD06-18) …… (117)
8.5　评审新工作程序(SHWGCLAB-PD20-18) …… (121)
8.6　检定/校准和检测方法及方法确认程序(SHWGCLAB-PD21-18) …… (125)
8.7　例外允许偏离控制程序(SHWGCLAB-PD35-18) …… (133)
8.8　抽样管理程序(SHWGCLAB-PD28-18) …… (136)
8.9　检定/校准和检测仪器(物品)管理程序(SHWGCLAB-PD29-18) …… (139)

8.10 记录控制程序(SHWGCLAB-PD14-18) …………………………………… (143)
8.11 测量不确定度评定控制程序(SHWGCLAB-PD22-18) ………………… (145)
8.12 检定/校准和检测结果的质量保证控制程序(SHWGCLAB-PD30-18) … (152)
8.13 能力验证程序(SHWGCLAB-PD36-18) ………………………………… (160)
8.14 检定/校准证书和检测报告管理工作程序(SHWGCLAB-PD33-18) …… (164)
8.15 处理投诉程序(SHWGCLAB-PD10-18) ………………………………… (167)
8.16 不符合工作的控制程序(SHWGCLAB-PD11-18) ……………………… (169)
8.17 事故报告程序(SHWGCLAB-PD38-18) ………………………………… (174)
8.18 数据控制程序(SHWGCLAB-PD23-18) ………………………………… (175)
8.19 计算机数据保护与软件管理程序(SHWGCLAB-PD05-18) …………… (177)

第9章 管理体系要求程序 ……………………………………………………… (180)
9.1 文件控制程序(SHWGCLAB-PD04-18) ………………………………… (180)
9.2 资料及其归档管理程序(SHWGCLAB-PD34-18) ……………………… (189)
9.3 风险评估和风险控制程序(SHWGCLAB-PD40-18) …………………… (192)
9.4 实施纠正措施程序(SHWGCLAB-PD12-18) …………………………… (194)
9.5 实施预防措施程序(SHWGCLAB-PD13-18) …………………………… (199)
9.6 内部审核管理程序(SHWGCLAB-PD15-18) …………………………… (203)
9.7 管理评审程序(SHWGCLAB-PD16-18) ………………………………… (214)

第10章 认可标识使用和认可状态声明管理程序(SHWGCLAB-PD37-18) …… (224)
10.1 目的 ……………………………………………………………………… (224)
10.2 范围 ……………………………………………………………………… (224)
10.3 职责 ……………………………………………………………………… (224)
10.4 工作程序 ………………………………………………………………… (224)
10.5 相关程序 ………………………………………………………………… (226)
10.6 文件修改记录 …………………………………………………………… (226)

附 录

附录A ISO/IEC 17025:2017、RB/T 214—2017对应章节 …………………… (229)
附录B 管理体系要素岗位分配表 ……………………………………………… (233)
附录C 质检中心各岗位任职资格和岗位职责 ………………………………… (234)
附录D 程序文件及记录清单 …………………………………………………… (243)

第一部分

气象装备质量监督检验中心质量手册

第1章 概 述

1.1 简介

1.1.1 中心简介

2018年,中国气象局上海物资管理处面向质量管理体系建设和科技创新发展需要,组建中国气象局上海物资管理处气象装备质量监督检验中心(以下简称"质检中心"或"中心"),承担上级部门、有关单位委托的检验测试任务。

本中心现有职工20名,其中专业技术人员11名:技术员8名,工程师3名,硕士研究生6名,拥有房屋建筑面积2400多平方米,其中试验室905平方米,办公及其他房屋约1000平方米。拥有先进仪器设备近200多台(套),设备总价值3500余万元。

本中心一如既往地按照国家资质认定、检测和校准实验室能力认可相关法律的规定,建立和持续改进管理体系,不断提高检测能力和管理水平,努力向社会提供科学、公正、准确、可靠的检测服务,为国家和当地经济建设和社会发展贡献力量。

1.1.2 主要检测领域(范围)或项目

气象装备质量监督检验主要是对气象观测装备进行检测和校准。主要项目有:

(1)气象观测仪器装备的检测;

(2)气象观测仪器装备的校准。

1.1.3 适用的法律法规及标准

《中华人民共和国气象法》;

《中华人民共和国产品质量法》;

《中华人民共和国计量法》;

《中华人民共和国标准化法》;

《中华人民共和国认证认可条例》(国务院令2003年第390号);

《检验检测机构资质认定管理办法》(国家质量监督检验检疫总局令2015年第163号);

RB/T 214—2017《检验检测机构资质认定能力评价 检验检测机构通用要求》;

CNAS-CL01:2018《检测和校准实验室能力认可准则》;

ISO/IEC17025:2017《检测和校准实验室能力的通用要求》;

CNAS-CL01-G001:2018《CNAS-CL01《检测和校准实验室能力认可准则》应用要求》；
CNAS-CL01-A003:2018《检测和校准实验室能力认可准则在电气检测领域的应用说明》；
CNAS-CL01-A025:2018《检测和校准实验室能力认可准则在校准领域的应用说明》；
JJF 1033-2016 计量标准考核规范。

1.2 质量方针、目标和承诺

1.2.1 质量方针

现代、权威、公正、廉洁，为气象业务提供更高水平的服务和保障。

1.2.2 愿景使命

面向气象业务现代化需求，为气象业务提供更高水平的服务和保障、为气象装备质量监督管理提供更加全面的技术支持、为上海更高水平气象现代化建设提供更加有力的支撑。

1.2.3 质量目标

服务能力：顾客满意度达到90%以上；合同履约率99%以上。
技术能力：报告差错率1%以内。
上述质量目标的定义、量值和统计方式，每年年初中心上报物管处后，统一以文件形式发布。

1.2.4 质量承诺

(1)检测和校准工作严格依据现行有效的国家标准,行业标准为客户提供检测和校准要求。
(2)用于检测和校准的仪器设备均按要求周期检校合格并能溯源到国家基准。
(3)检测和校准人员均持有效证件上岗。
(4)对检测和校准过程中影响检测质量的各种因素,均制订切实可行的控制办法,以确保检测和校准工作的质量。
(5)保护客户机密,及时妥善处理客户对检测和校准结果的异议。
(6)将检测和校准人员出具的数据、结果的质量,作为一项重要考核指标。弄虚作假、出错数据,给客户造成经济损失的,视情节轻重,给予相应处分,严重者解除劳动合同。
(7)持续策划和实施相应措施来应对识别出的风险和机遇,不断提升质量管理体系的有效性。

1.3 质量手册管理

1.3.1 目的

(1)阐明质量方针、目标、承诺,规定了管理体系的组织结构及管理职责,是内部管理的依据性文件,全体人员必须遵守的活动准则与纲领性文件。

(2) 向客户做出质量承诺。
(3) 为管理体系内部审核、管理评审及实验室认可和监督评审提供依据。
(4) 为管理体系的有效运行提供依据。
(5) 为上级有关部门监督管理提供依据。

1.3.2 依据

CNAS-CL01:2018《检测和校准实验室能力认可准则》(等同 ISO/IEC17025:2017)及其认可规则、认可指南、应用说明、应用要求以及 RB/T 214—2017《检验检测机构资质认定能力评价 检验检测机构通用要求》和 JJF 1069—2012《法定计量检定机构考核规范》等相关法律、法规等文件。

1.3.3 适用范围

本章描述了质量手册的编写、审核、批准、发布、改版等内容。适用于本中心的所有活动区域和活动权限。与该项工作有关的所有人员必须严格遵照执行。

1.3.4 术语和缩写语

(1) 中国气象局上海物资管理处气象装备质量监督检验中心,以下简称"质检中心"或"中心"。
(2) CNAS-CL01:2018《检测和校准实验室能力认可准则》、CNAS-CL01-G001《CNAS-CL01 检测和校准实验室能力认可准则应用要求》、RB/T 214—2017《检验检测机构资质认定能力评价 检验检测机构通用要求》和 JJF 1069—2012《法定计量检定机构考核规范》等以下简称"认可准则"或"应用说明"。

1.3.5 文件构架

(1) 本手册对管理体系要素的描述,完全依据 CNAS-CL01:2018《检测和校准实验室能力认可准则》对各要素要求的对应章节编写。
(2) RB/T 214-2017 和 JJF 1069 的内容通过附录 A 中条款对应表获取。
(3) 本手册的下层文件有程序文件、作业指导书、记录表格和其他附件等,本手册物管处上层文件及与下层文件的接口清晰,附表 D 有相应文件一览表。

1.3.6 《质量手册》的编制与发布

(1) 质量手册由中心主任授权质量负责人主持编写,根据 CNAS-CL01:2018《检测和校准实验室能力认可准则》、CNAS-CL01-G001《CNAS-CL01 检测和校准实验室能力认可准则应用要求》及相关应用领域的补充要求,结合本中心的实际情况,确定管理体系控制要素,起草质量手册。质量手册的初稿征集中心各类相关人员的意见。审查稿由质量负责人审核,报批稿送法人批准发布实施。
(2) 《质量手册》分"受控"和"非受控"两种版本。
(3) 受控文本有统一编号,并在封面上注明受控标志,由标准与技术发展科负责人统一编号发给中心领导和各部门——中心主任、技术负责人、质量负责人、中心各部门负责人、中心质量监督员。

(4)手册的非受控文本没有编号,但需在封面上注明非受控标志。当外部审核机构、上级领导、有关单位要求、客户要求提供《质量手册》时,由中心主任批准后提供非受控版本。

1.3.7 《质量手册》的修订与再版

(1)当出现下列情况之一时,可对《质量手册》进行修订:
①和有关组织颁布新的质量政策和法规;
②本中心对质量方针、目标或质量体系发生调整。
(2)当出现下列情况之一时,可对《质量手册》进行改版:
①修订内容超过三分之一或有重大变动时;
②认可规则、认可准则、应用要求等发生重大调整,有关部门、组织要求换版。
(3)《质量手册》修订、改版应由质量负责人提出申请并报中心主任批准。

1.3.8 《质量手册》的宣贯与实施

(1)《质量手册》是本中心检测工作质量管理指导文件,是开展检测和校准工作的规范,全体职工应认真学习和熟悉手册的要求和规定。
(2)质量负责人组织制定每年的《质量手册》宣传贯彻计划,标准与技术发展科负责人按照计划组织宣贯。
(3)对新调入本中心的工作人员进行上岗培训时应安排学习《质量手册》。

1.3.9 《质量手册》的日常管理

(1)《质量手册》的管理包括对《质量手册》及其他管理体系文件的编号、印制、分发、更改、保管与归档、版本确认、回收、保密等工作。
(2)《质量手册》要登记编号,持有者要签名领取,标准与技术发展科下发修订页或再版时,应将旧版收回,并加盖作废章。
(3)各部门必须指定专人保管手册,手册持有人必须妥善保管手册,不得丢失、外借或复制。持有人调离本中心必须交回手册方可予以办理调离手续。
(4)对《质量手册》的内容有异议或修改建议时,应向质量负责人反映,个人不得随意修改。

1.3.10 《质量手册》执行情况检查

(1)《质量手册》执行情况检查,由质量负责人领导,标准与技术发展科负责人每年具体组织一次对各部门《质量手册》执行情况的全面检查。
(2)各部门不定期地检查本部门对《质量手册》的执行情况。
(3)每次检查均应做好记录,各部门自查结果应每年汇总一次报标准与技术发展科,检查结果应写成书面材料报质量负责人,并通报全中心。
(4)检查中发现的一般问题及时解决,发现的重大问题应立即报告质量负责人或技术负责人,采取相应措施予以解决。
(5)执行《质量手册》情况的好坏,应作为部门和个人年终考核的依据之一。

第 2 章　通用要求

2.1　公正性

（1）本中心制定《保证公正性和诚实性程序》，避免本中心和中心员工卷入降低检测能力、服务能力，降低公正性和人员判断力等诚信活动。本中心管理层持续识别影响公正性的风险，所有员工必须遵守《公正性、保密性声明》中有关公正性的要求，除了遵守 CNAS 有关要求外，亦参照 GB/T31880《检验检测机构诚信基本要求》执行。

（2）本中心为独立事业法人授权机构，主营业务为气象观测设备的供应及质量监督，不从事气象行业以外的活动。若本中心或与本中心相关方从事检测和校准活动以外的活动，本中心最高管理者以文件的形式识别潜在的利益冲突，并发放到全中心，全体员工遵照执行。

（3）本中心及本中心人员遵循客观独立、公平公正、诚实信用原则，一切检测和校准活动均严格执行有关的规范、规程和标准，不受来自各方面的影响及对检测活动公正性的干扰，不擅自改动已确定的或经客户允许的检测方法或方案，诚实检测，公正判断。

（4）本中心及本中心人员恪守职业道德，承担社会责任。一切检测活动均以公正、严谨、科学的态度对待，秉公办事，抵制任何方面的干扰，不受外部不良压力的影响，不以权谋私，保证检测数据的公正性、独立性、诚实性，为社会出具公正性数据，承担企业应该承担的社会责任。

（5）本中心的所有人员，不得同时在两个及以上检测和校准机构从业，本中心不录用、不使用同时在两个机构从业的人员。

（6）检验人员可以面述或通过电话、电子邮箱、书面信件或其他形式向中心主任报告所受到任何来自外部或内部的不正当影响检验结果的压力，包括财务、市场、客户关系和技术或非技术因素所产生的压力。

（7）本中心通过监督核查、客户反馈、社会反映和行风调查对检验人员行为的独立性、公正性和诚实性进行监督。违反本中心的公正性规定的任何行为依据影响程度的大小将受到批评教育或行政处分直至追究法律责任。违反本中心的公正性规定的任何行为都将被记入本人的技术档案。

（8）作为常规议题，召开会议定期讨论本中心抵制来自外部或内部的不正当的影响检验和校准结果公正性的压力的程序执行情况、相关的处理措施以及改进的可能并形成记录，通过管理评审会议，实施必要的改进。

（9）支持性文件

SHWGCLAB-PD01-18《保证公正性和诚实性程序》；

SHWGCLAB-PD40-18《风险评估和风险控制程序》；

GB/T 31880—2015《检验检测机构诚信基本要求》。

2.2 保密性

(1)本中心制定《保护客户机密信息和所有权控制程序》，具体规范涉及检测和校准工作保密性的目的、范围、职责和工作程序。中心管理层应持续识别保密性风险，包括来自文件控制、人员管理方面的风险。

(2)送检资料、检测和校准原始记录、报告等的借阅，须按《文件控制程序》规定执行，无关人员不得借阅。当委托方要求用电话、电传或其他电磁方式传送检测和校准结果时，中心传送人员应确认对方的接收编码准确无误。

(3)中心工作人员不得向外界泄露送检单位的技术机密，如有发生泄密要追查其责任。外来人员不经主管领导批准不得进入检验室，经批准进入检验室的要限定范围，在此范围内，须撤出其他送检样品和技术资料。

(4)对以电子媒体方式来储存和传输的检测和校准结果，应按计算机数据保护与软件管理程序执行，以保证其完整性和保密性。

(5)样品、客户的图纸、技术资料等属于客户的财产，本中心有义务保护客户财产的所有权，必要时，本中心与客户签订协议。对检测和校准过程中获得或产生的信息，以及来自监管部门和投诉人的信息承担保护责任。

(6)本中心及中心全体人员对本中心在检测和校准活动中获得的如下秘密应有保密义务：

国家秘密：国家事务的重大决策事项、国防建设和武装力量活动中的秘密事项、外交或外交活动中的秘密事项以及对外承担保密义务的事项、国民经济和社会发展中的秘密事项、科学技术中的秘密事项、维护国家安全活动和追查刑事犯罪中的秘密事项以及其他经国家保密工作部门确定应当保守的国家秘密事项。

商业秘密：设计资料、程序、产品配方、制作工艺、制作方法、管理诀窍、客户名单、货源情报、产销策略等。

技术秘密：产品 BOM 清单、工艺流程、技术秘诀、设计、图纸(含草图)、试验数据和记录、计算机程序等。

(7)支持性文件

SHWGCLAB-PD02-18《保护客户机密信息和所有权控制程序》；

SHWGCLAB-PD04-18《文件控制程序》；

SHWGCLAB-PD05-18《计算机数据保护与软件管理程序》；

SHWGCLAB-PD14-18《记录控制程序》。

2.3 组织结构

2.3.1 本中心定位

本中心是经具有独立事业法人资格授权的检验机构，利用自身条件在允许和批准的范围内开展检测和校准活动,对出具的检测和校准数据、结果、报告负责,并承担相应法律责任。不包括持续从外部获得的实验室活动。中心在母体中的位置如图2.1。

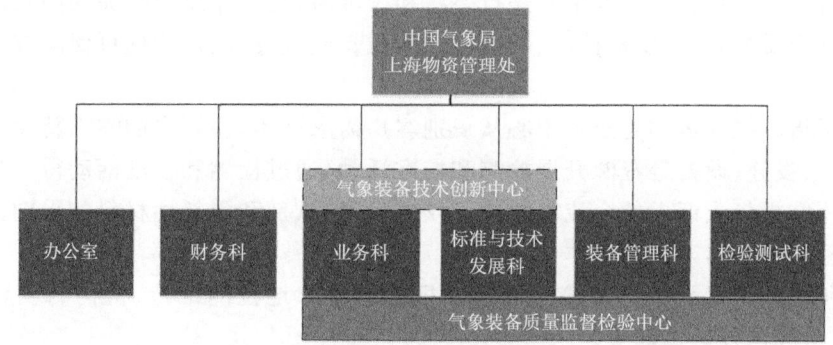

图 2.1　中心在母体中的位置

物管处所有机构适用 ISO 9001 质量管理体系范围,质检中心适用 ISO 17025 质量管理体系范围。

2.3.2　组织机构框图(图 2.2)

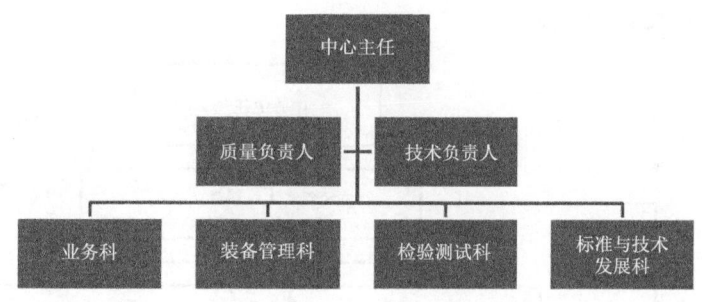

图 2.2　组织机构框图

2.3.3　本中心人员

本中心任命质量负责人、技术负责人、各个科室的主管、质量监督员等管理人员和技术人员,本中心的管理人员和技术人有相应的权力和资源,并规定了管理人员和技术人员履行实施、保持、改进管理体系的职责。所有对检测和校准质量有影响的管理人员、操作人员和核查人员的职责以文件的形式规定。本中心以表格形式规定了所有对检测和校准质量有影响的管理人员、操作人员和核查人员的职责、权力的相互关系。

本中心所有人员应具有履行职责所需的权力和资源,这些职责包括:
(1)实施、保持和改进管理体系;
(2)识别与管理体系或实验室活动程序的偏离;
(3)采取措施以预防或最大程度减少这类偏离;
(4)向实验室管理层报告管理体系运行状况和改进需求;
(5)确保实验室活动的有效性。

2.3.4 质量管理、技术运作及支持服务

本中心所指的质量管理是本中心进行检测和校准时，与工作质量有关的相互协调的活动。质量管理可分为质量策划、质量控制、质量保证和质量改进等，质量管理可保障技术管理，规范行政管理。

本中心所指的技术运作是指本中心从识别客户需求开始，将客户的需求转化为过程输入，利用技术人员、设施、设备等资源开展检测和校准活动，通过检测和校准活动得出数据和结果，形成检测和校准报告或证书的全流程运作。仪器设备、试剂和消耗性材料的采购，仪器设备的检定和校准服务等也属于技术运作的一部分。

本中心所指的支持服务是指检测和校准机构的法律地位的维持、机构的设置、人员的任命、财务的支持和内外部保障等。

技术运作是本中心检测和校准机构工作的主线，质量管理是技术运作的保障，支持服务是对技术运作资源的支撑。

本中心管理层应确保：
(1) 针对管理体系有效性、满足客户和其他要求的重要性进行沟通；
(2) 当策划和实施管理体系的变更时，保持管理体系的完整性；
(3) 持续识别管理结构、人员管理可能引起的风险。

中心质量保证框图如图2.3。

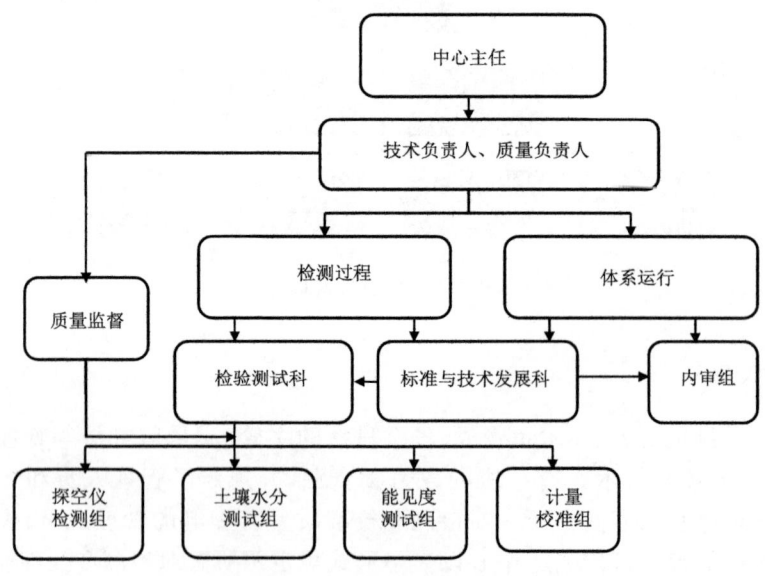

图2.3 中心质量保证框图

2.3.5 各主要部门职责

2.3.5.1 业务科

负责对外业务接待，受理、处理申诉和投诉；

组织新技术、新项目的论证；

负责本中心市场开拓。

2.3.5.2 装备管理科

负责审批本中心的检验报告；

负责本中心检测报告的登记、发放和管理；

负责本中心客户接待、回访，协调检验测试科与客户沟通、配合等工作；

负责本中心仪器设备的管理，对各检测部门仪器设备使用、维护、保养情况进行检查考核，并统计上报；

负责对仪器设备事故的调查处理工作。

2.3.5.3 检验测试科

完成各项检测任务，认真做好相应的记录、出具检测报告；

维护和保养仪器设备，保证其在受控状态和有效期内使用；

负责检测过程的样品管理和检测完毕后的样品返还样品室；

负责本中心检测样品的管理；

负责技术人员技术能力培训、考核。

2.3.5.4 标准与技术发展科

负责本中心管理体系文件的编制、管理、发放、宣贯；

负责本中心标准资料的收集和管理工作；

负责提报本中心年度技术培训、考核计划，经中心主任批准后组织实施；

负责本中心认可准备工作的组织实施。

2.3.6 任职资格和岗位职责

各岗位任职资格和岗位职责见附录C。

第3章 资源要求

3.1 总则

本中心具备管理和实施检测和校准活动所需的人员、设施、设备、系统及支持服务。

决定实验室检测的准确性和可靠性的因素主要包括：人员、设施和环境条件、设备、测量的溯源性、外部提供的产品和服务。

中心制定与上述因素有关的程序文件，以控制检测的方法、人员培训和考核、检测设备的控制和量值溯源以及样品的控制等，以保证检测结果的准确性。

3.2 人员

(1)为保证本中心的人员的资格确认、任用、授权、能力保持和人员管理规范进行，本中心制定了《人员培训和考核程序》和《质量监督管理程序》。

(2)本中心根据对人员教育、资格、培训、技术知识、技能和经验的要求，制定了附录C。

(3)本中心确保人员具备其负责的检测和校准活动的能力，以及评价偏离的重要程度的能力。从事检测或校准活动的人员应具备相关专业大专以上学历。如果学历或专业不满足要求，应有10年以上相关检测或校准经历。关键技术人员，如进行检测或校准结果复核、检测或校准方法验证或确认的人员，除满足上述要求外，还应有3年以上本专业领域的检测或校准经历。管理层要持续识别来自人员教育、资格、培训、技术知识、技能和经验等方面的风险。

(4)本中心有以下活动的程序并保留相关记录：确定能力要求、人员选择、人员培训、人员监督、人员授权、人员能力监控。

(5)本中心通过质量控制结果，包括盲样测试、实验室内比对、能力验证和实验室间比对结果、现场监督实际操作过程、核查记录等方式对人员能力实施监控，做好监控记录并进行评价。

(6)对于涉及包含法定的、特殊技术领域标准要求的，或是客户要求的，中心需要满足相关要求。本中心对以下七类人员经能力确认后授权并持证上岗：从事抽样的人员；从事检测和校准人员；签发检测和校准报告或证书的人员；分析结果，包括符合性声明或意见和解释的人员；操作设备的人员；开发、修改、验证和确认方法的人员；管理数据系统的人员。

(7)本中心从以下四个方面对相关人员进行能力确认：是否有相应的教育背景；是否接受过相应的培训；是否有相应的经验；是否有相应的技能。

(8)本中心管理层任命对检测方法、程序、目的和结果评价熟悉的人员作为监督员，对检测人员、在培的实习人员进行监督。监督过程中如发现不符合工作时应及时纠正,对可能造成不良后果的检测行为有权中止,必要时扣发相关报告,并按《不符合工作的控制程序》处理。

(9)本中心通过合同的形式与本中心的人员建立劳动关系、聘用关系、录用关系。

(10)本中心指定关键管理人员的代理人,见表3.1。

表3.1 关键管理人员代理人一览表

委托人(岗位)	代理人(原岗位)
中心主任	质量负责人
技术负责人	质量负责人
质量负责人	技术负责人

(11)支持性文件

SHWGCLAB-PD03-18《质量监督管理程序》;

SHWGCLAB-PD17-18《人员培训和考核程序》;

SHWGCLAB-PD11-18《不符合工作的控制程序》。

3.3 设施和环境

(1)本中心制定《实验室安全和内务管理程序》,保障中心在检测和校准工作中的安全、人员健康和环境保护,确保检测和校准产生的废气、废液、噪声、固体废弃物等的处理符合环境和健康的要求,并有相应的应急处理措施。

(2)本中心具有满足相关法律法规、标准或者技术规范要求的场所,包括本中心固定场所和中心以外的检测校准现场。

(3)本中心应对开展的检测校准工作合理布局,任何两相邻区域的工作在相互之间不得有不利影响,当相邻的区域所进行的活动对工作有影响时,必须采取有效的隔离措施,以消除不利影响,防止影响工作质量和对环境的交叉影响。

(4)本中心制定《环境控制程序》确保环境条件不会使结果无效,保证环境条件不会对所要求的质量产生不良影响,确保工作环境满足要求。

(5)当本中心在固定设施以外的场所进行抽样、检测和校准时,应予特别注意。提前做好抽样的计划和措施,准备好相应的工具和仪器,设计好表格和记录,对固定设施以外的场所环境条件给予特别的重视和记录,如果发现环境条件不满足抽样的要求,应该立即停止抽样工作。

(6)本中心在下列情况下会监测环境条件、控制环境条件和记录环境条件:

相关的规范有要求;

相关方法有要求;

相关程序有要求;

当环境条件影响结果质量时。

(7)中心需要重视(但不限于)如下的环境因素:生物消毒、灰尘、电磁干扰、辐射、湿度、供电、温度、声级和振级。

中心必须使上述(但不限于)环境条件适应于相关的技术活动要求。

(8)中心管理层要持续识别设施和环境条件相关风险。当环境条件危及结果时,不利于开展工作时,应停止活动,同时执行《不符合工作的控制管理程序》,直到环境条件恢复。

(9)本中心对影响结果质量区域的进入和使用加以控制,控制范围可根据中心特定情况确定。

中心将不相容活动的相邻区域进行有效隔离,采取措施防止交叉污染、防止干扰。实验室应认真检查不同项目间是否存在各种可能的干扰和影响,如果存在影响时,应采取有效的隔离措施避免干扰和影响。

实验区设置"未经许可,不得入内"的警示牌,防止非工作人员擅自进入。办公区和实验区采取严格的隔离控制措施,实验区内严禁存放与工作无关的物品。办公区和实验区均设置明显的标识。

(10)本中心建立的《实验室安全和内务管理程序》提出了内务管理要求,包括安全和环境的因素。

保证中心的良好内务,整洁干净,定期打扫。必要时推行7S管理法(整理、整顿、清扫、清洁、素养、安全、节约)。

现场工作时,根据需要配备相应的安全防护装备及设施。

(11)支持性文件

SHWGCLAB-PD18-18《环境控制程序》;

SHWGCLAB-PD19-18《实验室安全和内务管理程序》;

SHWGCLAB-PD11-18《不符合工作的控制程序》。

3.4 设备

(1)本中心建立和保持《仪器设备管理程序》《计量标准管理程序》《标准物质管理程序》,规范设备、仪器、标准物质的采购、使用、维护、检定、校准、核查和处置。

(2)中心的技术负责人负责根据项目的技术要求和中心的发展要求,向中心最高管理者提出配备能满足(包括抽样、物品制备、数据处理与分析)要求的所有设备,包括但不限于:测量仪器、软件、测量标准、标准物质、参考数据、试剂、消耗品或辅助装置。配备的设备需要满足如下的要求:抽样的要求、测量的要求、检测的要求、校准的要求。

当需要使用固定控制之外的设备时,应确保满足本手册的要求。未经定型的专用仪器设备需提供相关技术单位的验证证明。

(3)本中心用于检测和校准的设施(包括但不限于能源、照明等),应有利于工作的正常开展。如果达不到标准和相关的要求,需要进行调整,以满足活动的要求。

(4)本中心涉及租用仪器设备时,应确保:租用仪器设备的管理应纳入本管理体系;可全权支配使用,即:租用的仪器设备由本机构的人员操作、维护、检定或校准,并对使用环境和贮存条件进行控制;在租赁合同中明确规定租用设备的使用权;同一台设备不允许在同一时期被不同机构共用租赁。

(5)对结果有显著影响的设备,包括辅助测量设备,由设备管理员制定检定或校准计划,确保检测和校准结果的计量溯源性。下列情况下设备应该校准:当测量准确度或测量不确定度影响报告结果的有效性,和(或)为建立所报告结果的计量溯源性,要求对设备进行校准。

影响报告结果有效性的设备类型可包括:用于直接测量被测量的设备;用于修正测量值的设备,例如温度测量;用于从多个量计算获得测量结果的设备。

(6)技术负责人确保设备及其软件达到要求的准确度,并符合相应的技术要求。设备(包括用于抽样的设备)在投入使用前应进行检定或校准等方式,以确认其是否满足标准或者技术规范。

(7)本中心建立和保持《期间核查程序》,通过期间核查以保持设备校准状态的可信度,期间核查通常在两次校准之间进行,中心应根据设备的稳定性和使用情况来确定是否需要进行期间核查。中心应确定期间核查的方法与周期,并保存记录。并不是所有设备均需要进行期间核查,判断设备是否需要期间核查至少需考虑以下因素:设备校准周期;历次校准结果;质量控制结果;设备使用频率;设备维护情况;设备操作人员及环境的变化;设备使用范围的变化。

(8)如果仪器设备校准产生了一组修正因子(或者修正值)时,中心技术负责人确保其所有备份(例如计算机软件中的备份)得到正确更新。设备修正因子的更新程序参照《测量可溯源程序》。

(9)中心设备管理员和中心仪器使用人员需要对设备(包括硬件和软件)应进行保护,以避免发生致使检测和校准结果失效的调整。这些保护包括按照使用说明书进行操作、进行定期的维护、维持仪器的使用环境等。

(10)中心设备管理人员需要保存对结果具有重要影响的设备、包括设备软件的记录。记录定期整理和清理,保证完整和最新有效,设备软件记录至少应包括以下内容:设备及其软件的识别;制造商名称、型式标识、系列号或其他唯一性标识;核查设备是否符合规范;当前的位置(如适用);制造商的说明书(如果有),或指明其地点;所有校准报告和证书的日期、结果及复印件;设备调整、验收准则和下次校准的预定日期;设备维护计划,以及已进行的维护(适当时);设备的任何损坏、故障、改装或修理。

(11)由中心主任授权中心的相关人员操作相应的设备,设备操作的授权书由档案管理人员放在设备的档案或其他的文件中,如有可能在仪器设备的显著位置上贴上相应仪器授权人员的名字,设备维护也由授权的操作人员进行。

(12)本中心的设备管理在设备的使用和设备维护时需要提供最新版说明书(包括设备制造商提供的有关手册),技术负责人需要安排编写作业指导书,这些说明书和作业指导书应该保存在中心合适的地方,便于有关人员取用。

(13)本中心对结果有影响的设备、设备的软件(如设备工作站的光盘),均应加以唯一性标识,标识的标号规则由设备管理员确定,当遇到下列情况时加贴标签需要注意:设备的使用环境或介质,不允许加贴标签或标记;设备太小无法使用标签或进行标记;有些设备使用标签将会影响设备的准确性;适当时,校准标签可以加贴在设备的包装上,如可将校准标签粘贴在砝码盒。

(14)本中心设备若脱离了中心,设备返回后,在使用前,须对其功能和检定、校准状态进行核查,得到满意结果后方可使用。

(15)中心设备管理员或设备授权使用人,对下列设备采取措施(如停止使用):曾经过载的设备;处置不当的设备;给出可疑结果的设备;已显示出缺陷的设备;超出规定限度的设备。

以上设备在停用后,需要隔离,以防误用。或者由设备管理员加贴标签、标记,通过这些标签和标记清晰表明该设备已停用。

(16)对停用设备,设备管理员需要对设备进行修复,或者请仪器厂商维修,直至修复正常后,将仪器进行校准,或者对仪器进行核查表明仪器能正常工作,可以摘除仪器停用标识,再次将仪器投入使用。

(17)中心技术负责人应核查设备的缺陷或偏离规定极限,对先前检测和校准的影响,若没有对之前数据造成影响,中心如实记录核查情况,如果对之前的数据造成影响,需要执行《不符合工作的控制管理程序》。

(18)本中心建立和保持《标准物质管理程序》,在标准物质管理程序中对标准物质进行量值溯源,本中心标准物质应溯源到 SI 测量单位或有证标准物质。

同时程序中提出对标准物质的如下管理要求,由样品管理员实施,防止标准物质污染或损坏确保标准物质完整性。

安全处置标准物质;

正确运输标准物质;

正确存储标准物质;

正确使用标准物质。

(19)本中心根据《期间核查程序》对标准物质进行期间核查,以维持其可信度。标准物质的期间核查在两次校准间必须执行,期间核查的方法诸如检查标准物质的有效期、观察外观、检查标准物质的储存条件,标准物质的使用方法是否正确。具体核查方法由技术负责人制定。

(20)中心管理层应持续识别设备管理、使用、检定、校准、核查等相关风险。

(21)支持性文件

SHWGCLAB-PD39-18《标准物质管理程序》;

SHWGCLAB-PD24-18《仪器设备管理程序》。

3.5 计量溯源性

(1)本中心制定《测量可溯源程序》,规范对检测结果的准确性或有效性有显著影响的所有设备的检定、校准。管理层应持续识别计量溯源性相关风险。

(2)用于检测和校准的设备(包括对检验检测和抽样结果有影响的辅助设备),在投入使用前应校准/检定,并需满足要求。

(3)设备管理员协同相关实验室对所有承检项目进行评估,审核设备校准/检定对结果总的不确定度的影响,合理地制订适合本中心具体情况的计量溯源的总体计划。

(4)对占总测量不确定度主要分量的设备,按国家对设备计量溯源的要求,制订计量溯源计划。明确区分:

可以溯源到 SI 单位制基准或国家测量基准的,应通过不间断的校准链或比较链与之连接,可以用图表或文字表达;

无法溯源到 SI 单位或与之无关时,要提供溯源依据、证明材料。对要求溯源到有证标准物质(参考物质)的,也应绘制量值溯源图表或文字说明。对按约定的方法和协商标准追溯的,应列出有关标准、协商合同和使用说明书等。可能参加实验室间比对时,要提供结果证明。

(5)对总的不确定度几乎没有影响的设备,要列出清单,给出结果不确定度报告,并写出分析报告,论证该设备具备的不确定度无须再校准即可满足某项工作的测量不确定度的要求,分析报告经中心技术负责人审查批准后实施。

(6)设备管理员制订《设备校准计划表》,对所有需校准/检定的设备,参考标准和标准物质(参考物质)分类列出,规定校准/检定时间和有效期,并按计划提前给中心相关实验室发出《设备校准/检定通知书》。校准/检定工作由设备管理员负责实施,校准/检定证及报告及时存档,并编制《校准/检定结果汇总表》。

(7)可以使用外部机构对设备进行计量校准、检定服务。应选择有资格、能力和溯源性的机构。由技术负责人收集有关资料,组织人员进行评价,符合要求的列入合格校准/检定服务名单,每年对合格校准/检定服务中心进行一次后续评价。

(8)中心使用参考标准进行设备校准时,严格按国家规定的计量法规和标准进行。操作人员须经培训、考核,合格者发给上岗证。对出具的校准报告同样要求满足质量手册的规定。

(9)参考标准仅用于设备的校准,不能用于其他目的。若需用于其他目的时,提出实验室应写出书面报告,经中心负责人批准。有措施保证其性能不会失效。若对使用后是否失效有疑问时,应对参考物质重新校准。

(10)严格按照操作规程来使用参考标准和标准物质(参考物质)对设备进行校准。发现有影响校准结果的情况,应立即停止校准,报告实验室负责人,组织人员进行核查。若确认为失效,则报中心技术负责人处理,并对此前可能有影响的校准工作进行核查。

(11)参考标准和标准物质(参考物质)不得在固定场所以外使用。若需要在固定场所以外使用时,应写出书面报告,经中心技术负责人批准方能实施。报告应包括安全处置、运输、存放和使用的措施,以及在携出前和返回后进行核查的规定。

(12)当中心无法溯源到国家或国际测量标准时,本中心尽量溯源至公认实物标准,或通过比对试验、参加能力验证等途径,证明其测量结果与同类中心的一致性。

本中心由技术负责人保留结果相关性或准确性的证据。

当设备是用标准物质来校准,本中心遵循 ISO 指南 32:1997;当使用有证标准物质来评估测量过程时,本中心遵循 ISO 指南 33:2000。如果使用标准物质来校准设备,中心需要做到以下三个方面:

有充足的标准物质来对设备的预期使用范围进行校准;

保留每种标准物质的名称和来源记录;

指定专人管理标准物质,在使用、储存中必须确保标准物质的有效性。

(13)支持性文件

SHWGCLAB-PD25-18《测量可溯源程序》;

SHWGCLAB-PD39-18《标准物质管理程序》;

SHWGCLAB-PD27-18《期间核查程序》。

3.6 外部提供的产品和服务

(1)为了管理好对本中心质量有影响的相关服务和供应品,根据本中心的实际情况,制定《外部服务和供应品采购管理程序》和《校准和检测分包管理程序》。中心管理层应持续识别服务和供应品的采购中的相关风险。

(2)实验室提出采购品的名称及技术要求,在本室内组织评审,办公室负责采购验收。大型、精密、特种检测和校准设备的采购由中心执行。

(3)根据本中心自身需求,对需要控制的服务和供应品进行识别,并采取有效的控制措施。通常情况下,供应品和服务分为三类:

易耗品或易变质物品:如标准物质、化学试剂、玻璃器皿。使用时,对其品名、规格、等级、生产日期、保质期、成分、包装、贮存、数量、合格证明等进行符合性检查或验证。

设备和标准物质:选择设备和标准物质时应考虑满足相关要求。

本中心购买的服务包括检定服务、校准服务、分包服务和能力验证服务。应考虑满足相关要求。

中心保留对合格供应商的选择、监控、评价和再评价的记录。对于不能持续满足要求或不能提供良好售后服务的生产商,应考虑更换生产商。

为保证质量,在选择和采购对质量有影响的仪器设备、消耗材料等供应品及量值溯源、培训等服务时,只选用有充分质量保证(如通过ISO9001质量管理体系认证、JJF1069考核、中心资质认定、中心认可等相关认证认可)的供应商所提供的服务和供应品。具体执行《外部服务和供应品采购管理程序》和《服务客户工作程序》。

只要有可能,对所采购的设备和材料按有关标准、规范进行验证,符合要求后才投入使用。要保存服务和供应品的验收的所有相关记录。

物品的保管要做到标识清楚,账物相符,不损坏,不混淆。

(4)技术负责人组织对影响质量的重要消耗品、供应品和服务的供应商进行评价,确定合格供应商的名单并持续对其进行评价。建立供应商档案,包括供应商评价记录及合格供应商的名单,供采购时选用。

(5)本中心应与外部供应商沟通以明确以下要求:需提供的产品和服务;验收准则;能力,包括人员所需具备的资格;本中心或中心客户拟在外部供应商的场所进行的活动。

(6)本中心因为以下原因可以进行分包:工作量大、关键人员原因、设备设施原因、技术能力原因。

本中心选择分包方的条件是:分包方依法取得资质认定或认可、有能力完成分包项目。

分包方的选择由中心根据分包的项目技术要求提出建议,技术负责人组织有关技术人员对分包方的技术能力进行评价;建立合格分包方名单,报中心主任审批。技术负责人拟订分包协议,报中心主任签订;质量负责人保存对分包方评审的记录以及各种资质证明材料,如遇变更应及时更换。中心应根据需要,在年度内审时对分包方进行审核。

如果分包方的资质发生重大变化(设备状况、人员配备、环境条件、质量管理体系等变更等);应随时重新进行评审,确定分包方是否仍符合要求。

如果因分包方的工作质量问题给客户造成损失的,由本中心按照《处理投诉程序》中的有关规定直接向客户赔偿,但客户或政府部门指定的分包方除外。

(7)本中心出具检测和校准报告或证书时,需要标注分包情况。

(8)本中心的具体分包的检测和校准项目,由业务部门通知客户,在事先取得委托人书面同意的情况下,分包工作才能开展。

(9)支持性文件

SHWGCLAB-PD08-18《外部服务和供应品采购管理程序》;

SHWGCLAB-PD09-18《服务客户工作程序》;

SHWGCLAB-PD10-18《处理投诉程序》;
SHWGCLAB-PD07-18《校准和检测分包管理程序》。

第4章　过程要求

4.1　要求、标书和合同的评审

(1)本中心对来自客户的要求给予高度的重视,制定了《合同评审控制程序》以满足客户的各项要求,合同评审内容将确保以下几项：

对包括方法在内所有的客户要求,均应在合同或协议中明确做出规定,并形成文件,并与客户就文件的内容达成统一认识。文件中规定的内容应清楚明确,便于所有相关人员充分理解；

通过评审明确本中心是否具备满足合同要求的能力和资源条件；

选择适当的、能满足客户要求的有效的检测或校准方法；

对评审中发现存在的问题,应及时通知客户,以便及时解决；

必要时要明确判定规则、对结果的说明、意见和解释的要求。

客户委托送样时,必须填写《委托单》,由合同评审人员对其进行评审确认；对于超出中心检测能力、数量多、集中的任务,按照《合同评审程序》的要求进行正式合同评审,保留完整合同评审记录。

对于超出本中心能力范围、需要寻找外部机构的任务,按照认证准则和《校准和检测分包管理程序》的相关要求进行分包。

(2)在合同执行过程中,因任务安排、人员、设备能力等各种原因导致不能按照合同规定完成任务或必须偏离规定要求时,必须通知客户和中心的相关工作人员,征得客户的同意并取得书面确认。

检测或校准任务开始执行后,当需要调整合同的内容时,则应按照《合同评审控制程序》,对其修改部分再次评审,并通知与合同修改内容有关的所有人员,保存相关记录。

(3)当客户要求的方法不合适或是过时的,应通知客户。

(4)当客户要求针对检测或校准做出与规范或标准符合性的声明时(如通过/未通过,在允许限内/超出允许限),应明确规定规范或标准以及判定规则。选择的判定规则应与客户沟通并得到同意,除非规范或标准本身已包含判定规则。

(5)要求或标书与合同之间的任何差异,应在实施检测活动前解决。每项合同应被中心和客户双方接受。客户要求的偏离不应影响中心的诚信或结果的有效性。

(6)与合同的任何偏离应通知客户。

(7)如果工作开始后修改合同,应重新进行合同评审,并与所有受影响的人员沟通修改的内容。

(8)在澄清客户要求和允许客户监控其相关工作表现方面,中心应与客户或其代表合作。这种合作可包括:允许适当进入实验室相关区域,以见证与该客户相关的实验室活动;客户出于验证目的所需的物品的准备、包装和发送。

(9)应保存评审记录,包括任何重大变化。针对客户要求或活动结果与客户的讨论,也应作为记录予以保存。

(10)管理层应持续识别要求、标书和合同的评审中的相关风险。

(11)支持性文件

SHWGCLAB-PD06-18《合同评审控制程序》。

4.2 方法的选择、验证和确认

(1)本中心制定了《评审新工作程序》《检定/校准和检测方法及方法确认程序》以规范方法的选择、验证和确认。管理层应持续识别相关风险。

(2)本中心优先使用国家标准、行业标准和中国气象局公开规范。

对使用的方法实施控制与管理,明确每种新方法投入使用的时间,并及时跟进检测或校准技术的发展,定期评审方法能否满足需求。

对标准方法进行定期跟踪标准的制修订情况,及时采用最新版本标准。

在引入标准方法之前,应对能否正确运用这些标准方法的能力进行证实,证实不仅需要识别相应的人员、设施和环境、设备等,还应通过试验证明结果的准确性和可靠性,如精密度、线性范围、检出限和定量限等方法特性指标,必要时应进行比对。

因为自身或者客观的需要,需要自己制定检测和校准方法,由中心技术负责人制定计划,技术负责人组成专门的方法制定小组,召集小组成员,小组成员中需包括中心内部或者外部的资深的、有资格的人员,技术负责人指定小组中资深的、有资格的人员为方法制定的主导人员,有时技术负责人本人可以作为方法开发的资深的、有资格的人员。

(3)技术负责人提出的计划应随着制定方法工作的推进予以更新,当方法的制定到一定阶段时,会遇到之前计划中没有碰到的问题,需要配备新的资源、需要改变方法制定的计划或者需要增加新的人员设备等,在这种情况下,原计划需要和方法制定的进程保持同步,并随时修改,在修改更新计划过程中确保方法制定小组有关人员之间能有效沟通。

(4)用非标准方法时,需要提前和客户达成协议,并遵守协议,协议中需要对客户要求进行清晰的说明,以及所需要达到的目的。本中心所指的非标方法是:非标准方法;中心设计(制定)的方法;超出其预定范围使用的标准方法;扩充和修改过的标准方法。

中心技术负责人对以上非标准方法在使用前进行确认,以证实该方法能够实现特定检测目的,并记录确认过程中所获得的结果、使用的确认程序以及该方法是否适合预期用途的声明。

(5)方法确认是通过检查并提供客观证据,判定检测和校准方法是否满足预定用途或所用领域的需要。方法确认包括对抽样、处置和运输程序的确认。当对已确认的非标准方法作某些改动时,技术负责人将这些改动的影响制订成文件,并对改动重新进行确认。

本中心用于方法确认的技术可以是下列一种或多种组合形式:使用参考标准或标准物质

进行校准;与其他方法所得的结果进行比对;实验室间比对;对影响结果的因素作系统性评审;根据对方法的理论原理和实践经验的科学理解,对所得结果不确定度进行评定。

(6)中心技术负责人按预期用途进行评价所确认的方法得到的值的范围和准确度,应与客户的需求紧密相关。这些值包括:结果的不确定度;检出限;方法的选择性;线性;重复性限;复现性限;抵御外来影响的稳健度;抵御来自样品(或测试物)基体干扰的交互灵敏度。

(7)本中心在如下的情况下需要制定作业指导书:如果缺少指导书可能影响结果;方法、操作中心的人员理解可能会出现偏差;中心人员对过程或者方法理解存在困难;国外或者国际标准存在语言理解障碍;复杂繁琐的仪器和操作。

本中心的作业指导书包括:设备的操作指导书(包括使用、维护、期间核查等);设备的使用指导书;准备检测和校准物品的指导书;方法操作的作业指导书(检测细则等);样品处理方面的作业指导书;数据处理方面的指导书。

根据标准方法的可操作性和人员的技术能力水平,技术负责人对指导书适用性进行评审确认并审批。当标准换版或修订后,技术负责人应该及时组织技术人员对作业指导书进行修订并重新评审、审批,确保其满足新的标准要求。

对方法中的可选择步骤,本中心制定附加细则或补充文件。

(8)对检测和校准方法的偏离,本中心通过制定《例外允许偏离控制程序》执行,必须是满足以下条件下才允许发生:

必须在方法偏离已有文件规定,经过技术负责人审核,中心主任批准;

方法的偏离经技术负责人技术判断、经中心主任批准;

方法的偏离事先通知客户,并且客户可以接受方法的偏离。

(9)非标准方法(含自制方法)的使用,一般只用于特定客户,并应事先征得客户同意,告知客户相关方法可能存在的风险。

(10)支持性文件

SHWGCLAB-PD20-18《评审新工作程序》;

SHWGCLAB-PD21-18《检定/校准和检测方法及方法确认程序》;

SHWGCLAB-PD35-18《例外允许偏离控制程序》。

4.3 抽样

(1)本中心建立和保持《抽样管理程序》,当需要对物质、材料、产品进行抽样时,按照程序进行,对中心的抽样活动,包括抽样计划、抽样程序、抽样过程应控制的因素、与客户的沟通,以及作为检测一部分的抽样结果报告等做出了规定。管理层应持续识别相关风险。

(2)抽样前,抽样人员要根据依据规定的抽样方法等要求制定抽样计划和实施方案。抽样计划和实施方案应根据适当的统计方法制订,一般遵从随机抽取的原则。抽样计划、抽样程序、抽样方案(方法)、"委托单""任务单"等文件应能在抽样地点方便得到。

(3)抽样人员严格按抽样方案进行抽样,应注意需要控制的因素,如抽样地点、抽样样本代表性、抽样时环境条件等,并以确保抽样样品不被调换且具有代表性为原则来完成样品的抽样和封样工作,确保结果的有效性。

(4)当客户对文件规定的抽样程序有偏离、添加或删节的要求时,抽样人员应立即报告上级主管,得到批准后将情况详细地记录在抽样单上。该情况应在出具的检测报告中予以说明,并将这些偏离纳入包含检测结果的所有文件中,同时告知客户和中心的相关人员。

(5)当抽样作为检测工作的一部分时,中心记录与抽样有关的资料和操作。这些记录包括:所用的抽样程序;抽样人的识别;环境条件(必要时);抽样地点的图示或其他等效方法;抽样程序所依据的统计方法等。

(6)本中心某些情况下样品可能不具备代表性,而是由其可获性所决定,或不能保证从批量中抽取的样品具有足够充分的代表性,需要在检测报告中加以说明。

(7)支持性文件

SHWGCLAB-PD28-18《抽样管理程序》。

4.4 检测和校准物品的处置

(1)本中心针对样品的运输、接收、发放、标识、流转、保护、存储、保留及处理制定了《校准和检测仪器(物品)管理程序》,以充分保护样品的完整性,保护委托双方的利益。管理层应持续识别相关风险。

(2)为防止样品在管理上发生混淆,本中心建立了样品标识系统,标示系统由质量负责人制定,对于样品进行唯一性标识。

(3)本中心样品管理员在接收样品时,样品所有的异常情况以及样品对检测和校准方法的偏离,均需要记录在客户送样委托单上。样品管理员根据客户所提供的委托单,对样品情况进行检查,包括样品的数量、外观等。如果对样品及检测校准要求有任何疑问,包括对样品是否有保密要求等,须立刻询问客户或者送样人员,并做好相应记录。

(4)样品管理员应该保证样品安全、完整。避免样品在存储、处置、准备过程中出现退化、丢失、损坏,如果客户对样品的处置有特殊说明,本中心应遵守随样品的处理说明。这些处置说明包括冷藏、避光、防潮、烘干等。

(5)当样品需要存放在规定的环境条件下时,样品管理员须填写样品室环境条件表,记录这些环境条件,同时使样品在合适的环境条件下得到保持、监控。所有的环境异常情况,也应该如实记录。具体按照《环境控制程序》《测量可溯源程序》执行。当样品或样品的一部分需要安全保护时,样品管理员对存放和环境的安全做出安排,以保护该样品或样品有关部分处于安全状态和完整性。中心需要制定安全措施,如上锁、防盗等。并严格按照《保护客户机密信息和所有权控制程序》执行。

(6)支持性文件

SHWGCLAB-PD29-18《检定/校准和检测仪器(物品)管理程序》。

4.5 技术记录

(1)本中心制定了《记录控制程序》以确保记录的标识、贮存、保护、检索、保留和处置符合要求。管理层应持续识别相关风险。

(2)本中心的记录分为质量记录和技术记录。

质量记录包括内部审核报告和管理评审报告以及纠正措施和预防措施的记录。

技术记录应包括原始观察、导出数据和建立审核路径有关信息的记录、校准记录、员工记录、发出的每份检测和校准报告或证书的副本。

(3)本中心要求将原始记录、导出数据、开展跟踪审核的充分信息、员工记录以及发出的每份报告的副本按规定的时间保存。每项记录应包含足够的信息,以便识别不确定度的影响因素,并保证该检测在尽可能接近原条件的情况下能够重复。

本中心记录内容包括但不限于以下信息:样品描述;样品唯一性标识;所用的检测或校准方法;环境条件(适用时);所用设备和标准物质的信息;检测或校准过程中的原始观察记录以及根据观察结果所进行的计算;从事相关工作人员的标识;检测报告或校准证书的副本;其他重要信息。

(4)本中心记录包括抽样的人员(若有)、每项检测和校准人员和结果校核人员的标识。当所填记录出现错误时,应保留记录的过程。

(5)中心应在记录表格中或成册的记录本上保存检测或校准的原始数据和信息,也可直接录入信息管理系统中。当使用数据处理系统时,如果系统不能自动采集数据,中心应保留原始记录。

本中心的原始记录为试验人员在试验过程中记录的原始观察数据和信息,当需要另行整理或誊抄时,中心应保留对应的原始记录。

对于各类电子记录,由资料管理员负责管理,根据《记录控制程序》的要求,保护记录的安全性,定期备份,防止丢失、非法侵入和修改。

(6)所有记录应予安全保护和保密,记录可存于任何媒体上。需要按照《保护客户机密信息和所有权控制程序》的要求进行控制。

(7)本中心确保每一项实验室活动的技术记录包含结果、报告和足够的信息,以便在可能时识别影响测量结果及其测量不确定度的因素,并确保能在尽可能接近原条件的情况下重复该实验室活动。技术记录应包括每项实验室活动和审查数据结果的日期和负责人。原始的观察结果、数据和计算应在观察到或获得时予以记录,并应按特定任务予以识别。

(8)本中心确保技术记录的修改可以追溯到前一个版本或原始观察结果。应保存原始的以及修改后的数据和文档,包括更改的日期、标识更改的内容。

(9)支持性文件

SHWGCLAB-PD14-18《记录控制程序》。

4.6 测量不确定度的评定

(1)本中心建立和保持《测量不确定度评定控制程序》。测量不确定度评定与表示参照JJF1059.1-2012的表述。在以下四种情况下,本中心对检测和校准结果报告进行不确定度的评定工作:客户有明确的不确定度要求;检测方法有要求或不确定度影响结果准确性时;测量不确定度影响产品是否合格判定时;所有校准工作。

(2)在一些情况下,本中心所用方法的性质会妨碍对测量不确定度进行严密计量学和统计学上的有效计算。这种情况下,本中心至少应努力找出不确定度的所有分量且做出合理评定,并确保结果的报告方式不会对不确定度造成错觉。合理评定测量不确定度应依据对方法特性的理解和测量范围,并利用诸如过去的经验和确认的数据。管理层应持续识别相关风险。本中心测量不确定度评定所需的严密程度取决于以下因素:方法的要求;客户的要求;根据不确定度做出满足某规范决定的窄限。

(3)有时公认的方法规定了测量不确定度主要来源的值极限,并规定了计算结果的表示方式,本中心只要遵守该方法和报告的说明即被认为符合本款的要求。

(4)在评定测量不确定度时,对给定情况下的所有重要不确定度分量,均应采用适当的分析方法加以考虑。

(5)当由于方法的原因难以严格评定测量不确定度时,中心应基于对理论原理的了解或使用该方法的实践经验来进行评估。中心在评估不确定度时,尽可能找出不确定度的所有分量。对于非数值形式的检测结果必要时也要分析不确定度的影响。

(6)支持性文件

SHWGCLAB-PD22-18《测量不确定度评定控制程序》。

4.7　确保结果的有效性

(1)本中心建立和保持《检定/校准和检测结果的质量保证控制程序》,由本中心技术负责人针对不同的情况制定,管理层应持续识别相关风险。

(2)中心应对结果的质量控制进行策划和审查,质量控制方式包括内部的和外部的,应包括但不限于以下适当的方式:使用标准物质或质量控制物质;使用其他已校准能够提供可溯源结果的仪器;测量和检测设备的功能核查;适用时,使用核查或工作标准,并制作控制图;测量设备的期间核查;使用相同或不同方法重复检测或校准;保存样品的重复检测或重复校准;物品不同特性结果之间的相关性;审查报告的结果;实验室内比对;盲样测试;能力验证;实验室间比对。

(3)技术负责人应该对所得到的质量控制数据进行分析,当发现偏离预先判据时,或者有偏离的趋势时,采取有计划的措施来纠正出现的问题,并防止报告不正确的结果。

(4)在开展新的检测项目时,中心技术负责人规定相应的质量监控计划。

(5)一些特殊的检测校准活动,结果无法复现,难以进行质量控制,中心技术负责人要关注人员的能力、培训、监督,以及与同行的技术交流时,本中心鼓励使用质量控制图来监控检测和校准结果的准确性和精密度。

(6)本中心建立和保持《能力验证程序》,保证本中心定期按要求参加能力验证的工作计划安排、利用能力验证的结果来证明中心的能力。

(7)当某一领域在规定频度内没有合适的能力验证活动时,中心应特别关注该领域的质量控制措施和结果。

(8)支持性文件

SHWGCLAB-PD30-18《检定/校准和检测结果的质量保证控制程序》;

SHWGCLAB-PD36-18《能力验证程序》。

4.8　报告结果

(1)本中心为保证每一项或一系列结果能够准确、清晰、明确、客观地报告,并能满足与客户所签订的合同中所约定的要求、符合方法中规定的要求,制定了《检定/校准证书和检测报告管理工作程序》,使结果报告得到有效控制。中心管理层应持续识别相关风险。

(2)本中心通常以报告的形式提供结果,并且报告应包括客户同意的、解释结果所必需的以及所用方法要求的全部信息。所有发出的报告在发出前应经过审查和批准并应作为技术记录予以保存。

(3)除特殊情况,本中心发出的每份报告应至少包括下列信息,最大限度地减少误解或误用的可能:标题(例如"检测报告"或"校准报告");实验室的名称和地址;实施实验室活动的地点,包括客户设施、实验室固定设施以外的地点,或相关的临时或移动设施;将报告中所有部分标记为完整报告一部分的唯一性标识,以及表明报告结束的清晰标识;客户的名称和联络信息;所用方法的识别;物品的描述、明确的标识以及必要时物品的状态;检测或校准物品的接收日期,以及对结果的有效性和应用至关重要的抽样日期;实施实验室活动的日期;报告的发布日期;如与结果的有效性或应用相关时,实验室或其他机构所用的抽样计划和抽样方法;结果仅与被检测、被校准或被抽样物品有关的声明检测或校准结果,适当时,带有测量单位;对方法的补充、偏离或删减;报告批准人的识别;当结果来自于外部提供者时(如检测分包),应清晰标识。

(4)报告中声明除全文复制外,未经本中心批准不得部分复制报告,确保报告不被部分摘用。

(5)本中心对报告中的所有信息负责,由客户提供的信息除外。客户提供的数据应予明确标识。此外,当客户提供的信息可能影响结果的有效性时,报告中应有免责声明。当实验室不负责抽样阶段(如样品由客户提供)时,应在报告中声明结果适用于收到的样品。

(6)本中心除方法、法律法规另有要求外,中心应在同一份报告上出具特定样品不同项目的结果,如果项目覆盖了不同的专业技术领域,也可分专业领域出具报告。即使客户有要求,本中心也不得随意拆分检测报告,如将"满足规定限值"的结果与"不满足规定限值"的结果分别出具报告,或只报告"满足规定限量"的结果。

(7)除了4.8.3的一般要求以外,报告还应包含以下解释结果所必需的信息:特定的检测校准条件信息,如环境条件;相关时,与要求或规范的符合性声明(见(9));适用时,在下列情况下,带有与被测量相同单位的测量不确定度或被测量相对形式的测量不确定度(如百分比):测量不确定度与检测结果的有效性或应用相关时;客户有要求时;测量不确定度影响到与规范限量的符合性时。适当时,意见和解释(见(10));特定方法、法定管理机构或客户要求的其他信息。

(8)如果实验室负责抽样活动,报告应包括以下解释结果所必需的信息:抽样日期;抽取的样品的唯一性标识(适当时,包括制造商的名称、标示的型号或类型以及序列号);抽样位置,包括图示、草图或照片;抽样计划和抽样方法;抽样过程中影响结果解释的环境条件的详细信息;评定后续检测或校准的测量不确定度所需的信息。

(9)当做出与规范或标准符合性声明时,应考虑与所用判定规则相关的风险水平(如错误接受、错误拒绝以及统计假设),将所使用的判定规则制定成文件,并应用判定规则(注:如果客户、法规或规范性文件规定了判定规则,则无需进一步考虑风险水平)。中心在报告符合性声明时应清晰标识:符合性声明适用于哪些结果;满足或不满足哪个规范、标准或其中哪些部分;应用的判定规则(除非规范或标准中已包含)。

(10)当需要提出意见和解释时,中心应确保只有授权人员才能发布相关意见和解释。本中心报告中的结果需充分支持所做出的意见和解释,技术负责人应将意见和解释的依据形成文件。实验室人员如果仅从事过相关活动,而不熟悉对象的设计、制造和使用,则不予认可其"意见和解释"能力。本中心意见和解释应在报告或证书中清晰标注,报告审核和批准过程中需要特别注意。报告或证书的意见和解释包括(但不限于)下列内容:对检测和校准结果符合(或不符合)要求的意见;履行合同的情况;如何使用结果的建议;改进的建议。

(11)当更改、修订或重新发布已发布的报告时,应在报告中清晰标识修改的信息,适当时标注修改的原因。

(12)数据修约。一般情况下本中心按 GB/T 8170《数值修约规则与极限数值的表示和判定》进行数值修约。

(13)本中心检测和校准报告或证书如果包含了由分包方所出具的检测和校准结果时,这些分包的结果在报告应予清晰标明。报告的审核人和报告批准人应该审核这些分包的内容,包括分包标示的情况的审核。报告的审核人和批准人,应该特别注意结合合同评审中分包情况的说明,注意分包方的资格(满足 CNAS 和客户要求)。同时审查本中心的分包是否有客户的书面同意。

(14)本中心若用传真或邮件方式传送检测和校准结果给客户时,应满足本手册数据控制的要求。同时在传送结果给客户时,要注意保证客户机密。

(15)本中心报告或证书的格式由质量负责人和技术负责人共同设计,报告格式要尽可能适用于本中心所进行的各种类型,并尽量减小产生误解或误用的可能性。应当注意检测报告或校准证书的编排,尤其是检测或校准数据的表达方式,并易于客户理解。

(16)当以对话方式直接与客户沟通意见和解释时,应及时保存对话记录。

(17)本中心由资料管理员对检测和校准原始记录、报告、证书归档留存,保证原始记录、报告、证书等具有可追溯性。

(18)支持性文件
SHWGCLAB-PD33-18《检定/校准证书和检测报告管理工作程序》;
SHWGCLAB-PD34-18《资料及其归档管理程序》。

4.9 投诉

(1)受理并处理好客户和其他方面的投诉是提高本中心信誉和服务质量的重要环节,也是开展管理体系审核和评审的依据。因此本中心制定《处理投诉程序》,管理层应持续识别相关风险,对来自客户和其他方面的投诉适时做出安排并妥善处理。如果实验室收到 CNAS 转交的投诉,应在 2 个月内向 CNAS 反馈投诉处理结果。

(2)投诉处理过程应至少包括以下要素和方法:对投诉的接收、确认、调查以及决定采取处理措施过程的说明;跟踪并记录投诉,包括为解决投诉所采取的措施;确保采取适当的措施。

(3)本中心明确对投诉的接收、确认、调查和处理职责:

投诉接收:本中心将通过各种渠道,利用与客户接触的机会收集客户的各类投诉信息。耐心接待来访投诉客户,并详细做好记录。同时受理投诉信函、投诉电话,经阅读、分类、整理成相应记录以供核实。并保留投诉信函及电话记录。

投诉确认、调查：当客户针对检测报告的正确性提出投诉时，由质量负责人组织有关人员进行调查分析，如设备仪器、环境条件是否在受控状态，检测方法选用及其操作是否合适，数据转换及处理是否准确等。经调查分析确认无误的，通知投诉人检测报告无误；确需重新复验的，由质量负责人下达复验通知，指定有关人员进行重新复测，复测应在质量负责人或其指定的人员监督下进行。

(4)当调查分析或复验确认检测数据和综合判定结论有误，应予以更正，并另行编制检测报告，具体按《结果报告管理程序》执行；经调查核实确认被投诉的本中心工作人员泄露企业技术秘密、非法占有他人科技成果，或失职、徇私舞弊、弄虚作假的，按照《保护机密信息和所有权程序》进行处理；如投诉涉及本中心有关政策、程序、工作质量时，由质量负责人组织有关人员对有关体系要素或责任部门进行管理体系审核；如果检测结果引起的投诉直接涉及检测和校准质量时，由质量负责人立即组织调查，必要时进行附加审核，采取纠正措施，使由于投诉造成的不良影响降至最低限度。并保留针对投诉所开展的调查和纠正措施记录。

(5)只要可能，实验室应告知投诉人已收到投诉，并向其提供处理进程的报告和结果。

(6)投诉的处理采取回避措施。综合部负责投诉受理登记，质量负责人负责投诉调查和处理工作，保存好相应信息记录，确保投诉处理结果得到客户的理解和满意。为确保对客户投诉处理的公正性，投诉所针对的人员不能直接参与到客户投诉处理工作中去。

(7)支持性文件

SHWGCLAB-PD10-18《处理投诉程序》。

4.10 不符合工作

(1)当工作的过程或结果不符合其程序或未能与客户达成一致的要求时，本中心将实施《不符合工作的控制管理程序》和《事故报告程序》。管理层应持续识别相关风险。

(2)常见的不符合工作包括(但不限于)实验室环境条件不满足要求、试验样品的处置时间不满足要求、试样未在规定的时间内检测、质量监控结果超过规定的限制、能力验证或实验室间比对结果不满意等。

(3)《不符合检测工作的控制管理程序》明确对不符合工作的评价、决定不符合工作是否可接受、纠正不符合工作、批准恢复被停止的不符合工作的责任和权力。必要时，通知客户并取消不符合工作。

(4)明确对不符合工作进行管理的职责分工和出现不符合工作时应当采取的处理措施；技术负责人根据不符合工作对管理体系运行及结果的影响程度而对其严重性进行评价，区分严重不符合与一般不符合，分析是否可能再度发生以及是否对管理体系的符合性有影响；责任人立即进行纠正，消除不符合工作的现象；技术负责人主持评价不符合工作可能造成的影响，如果调查表明已经影响到为客户提供的服务工作质量时，立即通知相关客户并取消该项工作；当技术负责人确认不符合现象已经消除并且不再影响工作的质量时，批准恢复。

(5)当评价表明不符合工作可能再度发生，或者经分析其性质已经影响到实际运作情况对管理体系的符合性时，应按照《实施纠正措施程序》开展原因分析、采取相应的纠正措施，切实消除不符合工作发生的根本原因，防止其再度发生。

(6)对管理体系或检测校准活动的不符合工作或问题的鉴别可在管理体系和工作的下列

(但不限于)环节进行:检测校准工作的质量控制;测量设备的校准;试剂、消耗材料的核查;人员的考核与监督;报告的核查;内部审核和外部审核;管理评审。

(7)支持性文件

SHWGCLAB-PD11-18《不符合工作的控制程序》;

SHWGCLAB-PD38-18《事故报告程序》。

4.11 数据控制和信息管理

(1)本中心建立和保持《数据控制程序》和《计算机数据保护与软件管理程序》。程序应包括(但不限于):数据输入或采集、数据存储、数据转移和数据处理。管理层应持续识别相关风险。

(2)本中心用于数据收集、处理、记录、报告、存储或检索的实验室信息管理系统(LIMS)在投入使用前应进行功能确认,包括实验室信息管理系统中界面的适当运行,应确保该系统满足所有相关要求,包括审核路径、数据安全和完整性等。当更改管理系统时,包括实验室软件配置或对商用现成软件的修改,在使用前应被批准、形成文件并确认。

本条款中"实验室信息管理系统(LIMS)"包括计算机化和非计算机化系统中的数据和信息管理。相比非计算机化的系统,有些要求更适用于计算机化的系统。常用的商业现成软件在其设计的应用范围内使用可被视为已经过充分的确认。

(3)实验室信息管理系统应:防止未经授权的访问;安全保护以防止篡改和丢失;在符合系统提供者或实验室规定的环境中运行,或对于非计算机化的系统,提供保护人工记录和转录准确性的条件;以确保数据和信息完整性的方式进行维护;包括记录系统失效和适当的紧急措施及纠正措施。

(4)当实验室信息管理系统在异地或外部供应商进行管理和维护,本中心应确保系统的供应商或运营商符合本准则的所有适用要求。

(5)本中心应确保员工易于获取与实验室信息管理系统相关的说明书、手册和参考数据。

(6)本中心对本中心检测和校准活动所涉及的计算和数据转移进行系统和适当地检查。数据计算由原始记录填写者进行检查,由原始记录的校核人进行复查;数据转移由需要进行转移数据的人员进行初步检查,由质量负责人进行复查。

(7)本中心会利用计算机(或相应的自动设备)对本中心检测数据进行如下操作:数据采集、数据记录、数据报告、数据存储、数据检索。

(8)在利用计算机(或相应的自动设备)对本中心检测和校准数据进行以上操作时,本中心确保:

①对计算机软件由技术负责人形成详细文件,文件由资料管理员保管,技术负责人确认软件的适用性。

技术负责人和计算机(或相应的自动设备)的供应商对相关硬件或软件的定期再确认,时间由技术负责人根据实际使用情况制定;

在相关硬件或软件改变后,由技术负责人对其进行再确认;

当软件需要升级时,技术负责人及时对软件升级。

②本中心由技术负责人维护计算机和自动设备,确保计算机和自动设备功能正常,并提供

保护计算机和自动设备正常运行的环境条件,确保计算机和自动设备运行良好,确保检测和校准数据完整性。这些环境条件包括适宜的温度、湿度、灰尘、振动、噪音、光、热等。

(9)支持性文件

SHWGCLAB-PD23-18《数据控制程序》;

SHWGCLAB-PD05-18《计算机数据保护与软件管理程序》。

第5章 管理体系要求

5.1 总则——管理体系方式

随着管理体系的广泛应用，日益需要实验室运行的管理体系既符合ISO 9001，又符合ISO/IEC17025。因此，按照CNAS-CL01：2018(等同ISO/IEC17025：2017)提供了实施管理体系相关要求的两种方式。即，方式A：按照管理体系文件、管理体系文件的控制、记录控制、应对风险和机遇的措施、改进、纠正措施、内部审核、管理评审八个要素建立管理体系；方式B：按照ISO 9001的要求建立和保持管理体系。

本中心选择按照方式A建立和保持管理体系。

5.2 管理体系文件

(1)本中心管理层建立、编制和保持符合本准则目的的方针和目标，且应确保该方针和目标在实验室组织的各级人员得到理解和执行，中心质量方针和目标应能体现实验室的能力、公正性和一致运作(第1.2节)。

(2)中心管理层应提供建立和实施管理体系以及持续改进其有效性承诺的证据，应持续识别相关风险和机遇，不断改进管理体系。

(3)中心管理体系应包含、引用或链接与满足认可准则要求相关的所有文件、过程、系统和记录等。

(4)参与本中心检测和校准活动的所有人员应可获得其职责适用的管理体系文件和相关信息。

(5)本中心将中心政策、制度、计划、程序和指导书制订成文件，并确保检测和校准结果的质量。本中心管理体系文件分内部编制文件和采用的外来文件两大类，四个层次(见图5.1)。

第一层次文件：《质量手册》。质量手册是阐明本中心质量方针，描述检测本中心按有关要求建立和运行管理体系的纲领性文件。

第二层次文件：《程序文件》。程序文件是规定本中心各项质量活动的方法和要求的文件，是质量手册的支持性文件，还包括管理制度。

第三层次文件：《作业指导书》，作业指导书是规定某项具体活动的详细指导性文件。包括各类产品标准、检验标准、技术规范、操作规程、检测细则、技术法规文件；

第四层次文件：记录表格及附件。记录表格是程序文件的附件内容，记录是管理体系运行的见证,贯穿于"产品"(报告)形成的全过程。包括质量计划、质量报告等。附件包括所有不能包含在四层文件中的其他文件。

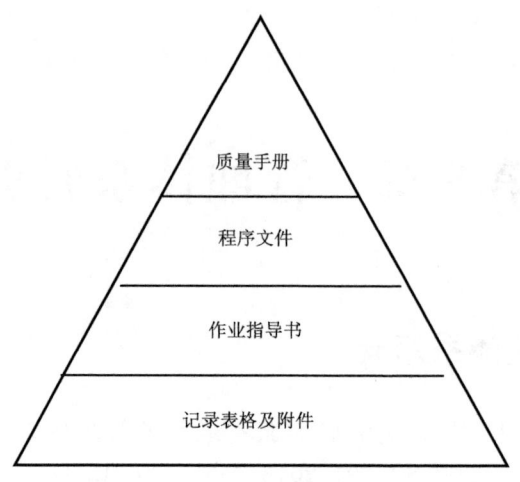

图 5.1　体系文件结构图

（6）管理体系文件是书面形式表达,中心编制了全套管理体系文件,并将体系文件传达到中心的各个部门,全体员工必须认真学习,深刻理解,严格执行。

5.3　管理体系文件控制

（1）本中心建立和保持《文件控制程序》来控制本中心管理体系的内部和外部文件,这些内部文件和外部文件包括:政策声明、程序、标准、检测和校准方法、规范、制造商的说明书、校准表格、图表、教材、张贴品、通知、备忘录、图纸、软件、计划等。管理层应持续识别相关风险。本中心界定的内部文件和外部文件为:

内部文件:本中心内部编写发布的各种文件,如质量手册、程序文件、作业指导书、质量/技术记录表格、质量/技术计划等;

外来文件:与检测有关的法律法规、规则制度、标准、形成文件的检测方法、图纸、软件、指导书、上级文件等。

（2）本中心确保:

文件发布前由授权人员批准其充分性;

定期审查文件,必要时更新;

识别文件更改和当前修订状态;

在使用地点应可获得适用文件的有关版本,必要时,应控制其发放;

文件被唯一性标识;

防止作废文件的非预期使用,无论出于任何目的而保留的作废文件,应有适当的标识。

（3）本中心的文件可承载在各种载体上,可以是硬拷贝或是电子媒体,也可以是数字的、模拟的、摄影的或书面的纸质文件。对于电子文件需要满足《计算机数据保护与软件管理程序》的要求。

（4）本中心规定文件的批准、发布、变更,防止使用无效、作废的文件。本中心的所有文件在发放之前都由中心主任或者授权由技术负责人/质量负责人审核批准。本中心为加强对文件的控制,在《文件控制程序》中还做出以下要求:

中心人员都能得到相应文件的有效版本,方便使用;

由质量负责人/技术负责人组织定期审查文件,必要时组织进行修订,以保证其持续适用和满足使用的要求;

及时从所有使用和发布处撤出无效和作废文件,对作废文件加盖"作废"标记,防止使用无效文件;

对出于法律或知识保存目的而保留的作废文件,除了加盖"作废"标记外,还需加盖"保留"标记"。

(5)本中心内部制定的管理体系文件都须编制唯一性识别信息,包括文件编号、发布实施日期、版次及修订状态、页码、总页数、发布部门等。当文件内容需要变更时,由文件原审核、批准人组织审核和批准。

(6)文件变更经批准后,资料管理员根据《文件控制程序》来实施变更,并做变更记录。为保持管理体系文件的严肃性,本中心的管理体系文件不允许手写修改,只能采取换页方式进行修改。

(7)支持性文件

SHWGCLAB-PD04-18《文件控制程序》。

5.4 记录控制

(1)本中心制定了《记录控制程序》以确保记录的标识、贮存、保护、检索、保留和处置符合要求。管理层应持续识别相关风险。

(2)本中心建立和保存清晰的记录以证明满足认可准则的要求,中心对记录的标识、存储、保护、备份、归档、检索、保存期和处置实施所需的控制,记录保存期限应符合合同义务。记录的调阅应符合保密承诺,记录应易于获得。

(3)人员或设备记录应随同人员工作期间或设备使用时限全程保留,在人员调离或设备停止使用后,人员或设备技术记录应再保存6年。

(4)对技术记录的其他要求见4.5条款。

(5)支持性文件

SHWGCLAB-PD34-18《资料及其归档管理程序》。

5.5 应对风险和机遇的措施

(1)本中心认识到识别风险和机遇将提升质量管理体系的有效性、改进结果和防止负面效应,因此中心制定《风险评估和风险控制程序》,策划和实施相应措施来应对识别出的风险和机会。

(2)本中心认识到基于风险的管理模式并已充分纳入了管理的全过程,比如设备校准、质量控制、人员培训和监督等均需要根据自身的检测或校准活动范围、客户需求和测试技术的复杂性等进行风险分析,实施相应的管理。

(3)本中心考虑检测和校准活动相关的风险和机遇,以:

确保管理体系能够实现其预期结果;

增强实现实验室目的和目标的机遇;

预防或减少实验室活动中的不利影响和可能的失败;

实现改进。

(4)本中心应策划:

应对这些风险和机遇的措施;

如何在管理体系中整合并实施这些措施;

评价这些措施的有效性。

(5)应对风险和机遇的措施应与其对实验室结果有效性的潜在影响相适应。应对风险的方式包括识别和规避威胁,为寻求机遇承担风险,消除风险源,改变风险的可能性或后果,分担风险,或在了解相关信息的基础上决定保留风险。另一方面,机遇可能促使实验室扩展活动范围,赢得新客户,使用新技术和其他方式应对客户需求。

(6)质量负责人至少每年对中心的公正性进行一次审查,发现公正性风险及时采取措施,排除风险或将风险降到最低;各检测部门负责人组织对其部门可能引发的检测和校准风险和新出现的、变化的风险进行了评估并对由此引发的责任做出充分安排。

(7)各部门负责人组织对其部门可能引发的管理风险和新出现的、变化的风险进行了评估并对由此引发的责任做出充分安排;检测部门收集汇总,组织各部门制定应急预案并实施。

(8)合同评审、样品接收、检测和校准、结果报告,全过程都可能产生风险,质量负责人应及时组织各部门识别风险,控制管理风险,以防止风险发生,或把风险降到最低。

(9)支持性文件

SHWGCLAB-PD40-18《风险评估和风险控制程序》;

SHWGCLAB-PD13-18《实施预防措施程序》。

5.6 改进

(1)本中心通过实施以下措施来识别和选择改进机会,持续改进管理体系的适宜性、充分性和有效性:评审操作程序;实施质量方针、质量目标;审核结果;纠正措施;管理评审;人员建议;风险评估;数据分析和能力验证。

(2)中心应向客户征求反馈,无论是正面的还是负面的。应分析和利用这些反馈,以改进管理体系、实验室活动和客户服务。反馈的类型示例包括:客户满意度调查、与客户的沟通记录和共同评价报告等。

(3)本书第1.2节中规定了本中心的质量方针与质量目标。通过质量方针的宣贯,使质量宗旨和方向深入人心,确保各项质量要求得到有效保证;通过质量目标的确立和考核,使全体员工明确如何通过本职工作为质量目标的实现做出贡献。

(4)通过每年度定期进行内部审核和不定期接受外部机构对本中心质量管理体系的审核,全面检查管理体系实际运行情况,发现出现的问题,及时采取相应的纠正措施,改进管理体系的运行质量。

(5)每年度技术负责人组织检测部门对检测记录和检测报告进行抽查,审核其数据结果的准确性;技术负责人对结果质量监控活动的结果进行分析评价,发现结果质量的发展趋势,及时制定相应的措施,改进管理体系的有效性。

(6)对管理体系或技术运作中出现的各种问题采取相应的纠正措施,确保问题得到及时解决,改进管理体系的完整性和有效性;通过对各种潜在的不符合或者问题的识别,及时采取一定的预防措施,防止管理体系出现问题,防患于未然。

(7)本中心管理层应持续识别相关风险和机遇,至少每12个月主持一次管理评审会议,组织管理人员和监督人员分析、评价管理体系和检测活动对本中心实际情况和发展趋势的适宜性、有效性,总结存在的问题,确定改进的事项并认真落实,不断改进管理体系。

(8)支持性文件
SHWGCLAB-PD09-18《服务客户工作程序》。

5.7 纠正措施

(1)纠正措施是本中心为实施有效的质量管理和质量风险控制必不可少的手段之一。本中心制定了《实施纠正措施程序》,规定了相应人员的职责和权利,对本中心工作中存在并已确认的不符合工作、偏离管理体系或技术运作中的政策和程序的活动应立即实施纠正措施。

(2)管理层应持续识别相关风险。本中心制定纠正措施,应从分析原因开始,对纠正措施予以监控。必要时,可进行内部审核。

(3)采取纠正措施的主要目的在于消除不符合工作或偏离发生的根本原因,所以纠正措施的实施过程首先从分析问题发生的根本原因开始。原因分析是纠正措施程序中最为关键和困难的部分。根本原因通常并不明显,因此需要仔细分析产生问题的所有潜在原因。潜在原因可能包括:客户要求是否合理明确并得到落实、样品的本身属性和流转过程是否满足要求、样品的规格是否满足检测方法的要求、检测方法和工作程序是否科学合理、员工的技能水平和培训效果是否满足工作要求、供应品的质量是否得到有效控制、设备状态及其量值是否能够溯源到国家标准和国际单位制等。

(4)根据分析调查的结果,确定了问题的根本原因后,责任部门有针对性地制定纠正措施。纠正措施应切实有效,采取的纠正措施还要考虑到成本,并与问题造成的风险大小相适应。对确定的纠正措施,在规定的期限内执行实施,纠正措施实施过程中引起管理体系文件变更或者政策制度变更时按照《文件控制程序》的要求制定成文件并发布实施。

(5)监督员对纠正措施的实施过程、纠正措施的结果进行监控,认真检查纠正措施是否切实消除了问题发生的原因,以便验证纠正措施的有效性。

(6)针对发现的比较严重的不符合项,经评价问题确实严重或严重危害检测业务且已经影响到本中心实际运作情况是否符合管理体系或认可准则或其他相关认可准则要求时,应当立即报告中心主任,由其决定是否需要采取附加审核,并安排质量负责人按照《内部审核管理程序》的要求对不符合项所涉及的相关活动区域进行审核。

(7)本中心建立和保持《实施预防措施程序》,通过识别潜在不符合的原因,识别潜在不符合的改进,来制定本实中心的预防措施。

(8)中心质量负责人制定、执行和监控预防措施的计划,通过实施预防措施,减少类似不符合情况的发生并借机改进,本中心的预防措施程序包括预防措施的启动和控制。

（9）通过对管理体系或者技术运作程序进行评审、对各项工作发展趋势进行分析、对能力验证结果进行数据分析等途径,全体员工主动寻求工作中潜在的不符合的原因和所能采取的改进内容,及时上报相关负责人,以便及时研究其可行性,决策改进事项。当确定需要采取预防措施或改进措施时,对其计划、实施、监控过程进行控制,以便减少类似不符合项出现的可能性。

（10）支持性文件

SHWGCLAB-PD12-18《实施纠正措施程序》；

SHWGCLAB-PD13-18《实施预防措施程序》。

5.8　内部审核

（1）本中心建立和保持《内部审核管理程序》,质量负责人按照《内部审核程序》定期组织协调对各项管理和技术活动的内部审核工作,以验证管理体系运作是否符合自身管理体系和认可准则的要求,管理体系是否得到有效的实施和保持,管理层应持续识别相关风险和机遇。

（2）中心应做到：

考虑实验室活动的重要性、影响实验室的变化和以前审核的结果,策划、制定、实施和保持审核计划,审核计划包括频次、方法、职责、策划要求和报告；

规定每次审核的审核准则和范围；

确保将审核结果报告给相关管理层；

及时采取适当的纠正措施；

保留记录,作为实施审核计划以及审核结果的证据。

（3）本中心由质量负责人负责策划内审并制定审核计划,审核应涉及全部要素,包括检测和校准活动。内部审核周期为一年,根据《内部审核管理程序》的要求,中心主任可以临时决定增加内部审核。

（4）内审员应经过中心质量管理体系审核方法和审核技巧的系统培训并考核合格,具备内审员资格,经过中心主任的任命后方可执行审核活动,原则上内审员应独立于被审核的活动。

（5）当审核中发现的问题导致对运作的有效性或对检测结果的正确性或有效性产生怀疑时,应执行《实施纠正措施程序》。如果调查表明所出具的结果可能已受到影响,本中心将以书面方式通知客户。

（6）内部审核工作过程中生成的各种计划和记录,交由资料管理员保存,可作为下次内部审核的重要参考内容。

（7）内审员负责跟踪检查纠正措施的实施情况和实施效果,验证其有效性并做好验证记录。

（8）支持性文件

SHWGCLAB-PD15-18《内部审核管理程序》。

5.9　管理评审

（1）本中心建立和保持《管理评审程序》。中心主任按照《管理评审程序》的要求主持本中心的管理评审会议,对管理体系和检测校准活动进行评审,以确保其持续适用和有效,并实施改进。质量负责人根据中心主任的要求,制定年度管理评审计划,并根据中心主任的要求策划、组织管理评审活动。管理层应持续识别相关风险和机遇,不断改进管理体系。

（2）本中心管理评审通常12个月一次,由中心主任负责。根据实际运行状况,可以临时决定增加评审。管理评审采取召开评审会议的方式进行。进行全面评审时采用集中式评审,进行对具体状况评审时采用专题式评审。

（3）中心主任确保管理评审后,得出的相应变更或改进措施予以实施。根据管理评审的结果,对管理体系和检测校准活动进行评价并做出改进决策,同时中心主任负责为各项改进决策配置资源条件,确保改进决策的落实。质量负责人负责记录管理评审结论和改进决策,对各种改进决策明确规定完成时间期限、责任部门和责任人等要求,跟踪检查各种决策的完成情况,确保按照规定的时间期限贯彻落实。

（4）本中心评审内容以记录形式保留,管理评审需要确保管理体系的适宜性、充分性和有效性。管理评审活动结束后由质量负责人依据会议记录形成管理评审报告和改进措施,各部门及有关人员应当启动有关工作的程序组织实施。

（5）本中心的管理评审输入包括以下信息:
与中心相关的内外部因素的变化;
质量目标实现程度;
政策和程序的适宜性;
以往管理评审所采取措施的情况;
近期内部审核的结果;
纠正措施;
由外部机构进行的评审;
工作量和工作类型的变化或实验室活动范围的变化;
客户和员工的反馈;
投诉;
实施改进的有效性;
资源的充分性;
风险识别的结果;
保证结果有效性的输出;
其他相关因素,如监控活动和培训。

（6）本中心的管理评审输出包括以下内容:
管理体系及其过程的有效性;
履行本准则要求相关的实验室活动的改进;
提供所需的资源;
管理体系所需的变更。

（7）支持性文件
SHWGCLAB-PD16-18《管理评审程序》。

第二部分

气象装备质量监督检验中心实验室程序文件

第6章　通用要求程序

6.1　保证公正性和诚实性程序(SHWGCLAB-PD01-18)

6.1.1　目的

保持本中心开展的检定/校准和检测运作及结果判断的公正、诚实,为客户提供公正、满意的服务(本程序中"检测"包括检定/校准和检测)。

6.1.2　范围

适用于本中心开展的"检测"工作运作及其结果判断的控制管理。

6.1.3　职责

6.1.3.1　中心主任(中心副主任)

(1)带头抵制来自上级和其他方面对"检测"工作的干预。对本中心"检测"工作的公正性和诚实性负责。

(2)对执行中出现的问题给予及时纠正,维护公正性声明的严肃性和有效性,批准对违反公正性措施活动的处理意见并承担法律责任。

(3)对公正性措施定期进行评审,使之更适合本中心的质量方针和服务宗旨。

(4)负责对本中心"检测"人员的工作质量进行奖惩。

(5)负责组织管理体系文件的宣贯。

6.1.3.2　质量负责人

(1)负责编写与公正性和诚实性有关的管理体系文件并定期向员工宣传贯彻。

(2)把执行本程序文件的情况纳入内审计划,对审核中出现的问题提出纠正和预防措施并组织跟踪检查。

6.1.3.3　技术负责人

(1)协助中心主任制定在"检测"活动中确保公正性和诚实性的具体措施并监督实施。

(2)保证"检测"全过程的公正性和诚实性并负责对员工的行为准则进行监督检查。

6.1.3.4　实验室负责人和质量监督员

(1)监督检定、校准和检测人员出具的检定、校准和检测数据,严格执行检/校核程序。

(2)及时制止违反诚实和公正的行为并如实向技术和质量负责人反馈。

6.1.3.5 "检测"人员

认真贯彻、执行《质量手册》和程序文件等管理体系文件,遵守员工守则,自觉维护"检测"工作的公正性和诚实性,保证"检测"结果的正确可靠。

6.1.4 工作程序

6.1.4.1 制度保障

(1)本中心的母体组织——中国气象局上海物资管理处处长-法定代表人发布关于保证质检中心"检测"工作公正性的声明;该声明为本中心《质量手册》的内容之一,要求本中心员工按相关规定独立开展工作;同时要求中国气象局上海物资管理处所属各级领导、各单位有关人员均不准干预、阻碍,但要支持本中心独立、正常开展"检测"工作。

(2)中心主任在《质量手册》中发布关于保证"检测"工作"公正性的声明";要求本中心"检测"人员拒绝接受任何行政、财务的干预;不得参与任何可能削弱其能力、公正性、诚实性和独立判断力或影响其职业道德的活动。

(3)本中心按 CNAS-CL01/JJF1069/RB/T214 的要求制定并执行管理体系文件,从制度、人员和技术上保证"检测"运作及其结果判断诚实和公正。

6.1.4.2 人员管理

(1)执行"检测"工作的人员必须参加相关部门举办的技术培训,熟悉与"检测"相关的法律法规及其责任、义务和权力,并持证上岗。

(2)本中心制定了 SHWGCLAB-PD17-18《人员培训和管理程序》,将根据实际需要定期或不定期地在本中心或中心外对与"检测"工作相关的员工进行法律、法规和技术培训,以提高员工的业务素质。

(3)本中心将定期对与"检测"工作相关的员工进行考核。质量监督、客户申诉、内部审核、管理评审等资料信息均为考核的内容,考核结果将作为员工晋升、技术评级等的依据之一,对于违反公正和诚实性、损坏客户利益的员工,将依情节轻重对其进行经济和行政处罚,情节严重者解除劳动合同,违法的送法律机构依法惩治。

6.1.4.3 运作管理

(1)样品管理员严格按照 SHWGCLAB-PD29-18《检定/校准和检测仪器(物品)管理程序》的规定接收、登记和发放客户的仪器(物品)。

(2)按照 SHWGCLAB-PD31-18《检定/校准和检测工作管理程序》规定,各实验室至少安排2名"检测"人员完成"检测"工作,分别进行操作和数据核查,以保证按管理体系文件要求和确定的技术方案对客户的仪器(物品)进行"检测"。

(3)按照 SHWGCLAB-PD30-18《检定/校准和检测结果的质量保证控制程序》的规定,各实验室设置质量监督员,监督"检测"操作人员对规程规范、标准和质量体系文件的执行情况。

(4)"检测"人员按 SHWGCLAB-PD33-18《检定/校准证书和检测报告管理工作程序》规定出具证书/报告,经核验员审核后,提交授权签字人员签发并存档。

(5)样品管理员按照 SHWGCLAB-PD33-18《检定/校准证书和检测报告管理工作程序》的规定,对证书、结果通知书或报告进行盖章后,发放给客户。

6.1.4.4 事后监督

(1)中心主任对公正性措施定期进行评审,使之更适合本中心的质量方针和服务宗旨。

(2)标准与技术发展科按 SHWGCLAB-PD31-18《检定/校准和检测工作管理程序》规定对"检测"数据和结果进行监督抽查,及时处理违反诚实公正的"检测"结果。

(3)本中心的内部审核和管理评审也会涉及"检测"结果诚实公正的内容。

(4)技术负责人定期组织人员监督检查员工行为准则的执行情况,并填写 SHWGCLAB-RD01-01《实验室行为准则执行情况检查表》,发现问题及时提出改进和处理意见,报中心主任批准。

6.1.5 相关文件

SHWGCLAB-PD17-18《人员培训和管理程序》;

SHWGCLAB-PD29-18《检定/校准和检测仪器(物品)管理程序》;

SHWGCLAB-PD30-18《检定/校准和检测的质量保证控制程序》;

SHWGCLAB-PD31-18《检定/校准和检测工作管理程序》;

SHWGCLAB-PD33-18《检定/校准证书和检测报告管理工作程序》。

6.1.6 质量记录

SHWGCLAB-RD01-01《实验室行为准则执行情况检查表》。

6.1.7 文件修改记录

修订说明	修订页数	修订日期	批准

实验室行为准则执行情况检查表

文件编号:SHWGCLAB-RD01-01

被检查项目:	检 查 日 期 20 年 月 日	质量监督员	职务: 签名:

公正性措施(在□内打√)	员工行为准则(在□内打√)
1. 实验室执行《保护客户机密信息和所有权程序》。 优□ 良□ 差□ 2. 不得将受检产品和技术资料作为科研和开发对象。 优□ 良□ 差□ 3. 不阻拦受检客户与检测有关的申诉。 优□ 良□ 差□ 4. 未经委托方同意,不对受检产品进行评价。 优□ 良□ 差□ 5. 不接受受检产品客户的赞助;不参加受检产品客户的商业和娱乐活动。 优□ 良□ 差□ 6. 对客户坚持公开、自愿、平等、无歧视性的服务方针。 优□ 良□ 差□ 7. 工作人员有权抵制一切背离质量方针的行政干预和压力;遵守《员工守则》。 优□ 良□ 差□ 8. 未经委托方允许,不使用企业标准或其他知识著作,保护客户利益。 优□ 良□ 差□ 9. 本实验室承诺出具的检测数据、结果均应有编制、审核和批准的三级签字,避免差错。 优□ 良□ 差□ 10. 本实验室将检测人员的行为和质量业绩纳入员工考核内容,对违反实验室行为规范的人员,将视情节和所造成的后果分别给予批评、警告、经济或行政的处罚,对于触犯法律的,则追究其法律责任。 优□ 良□ 差□	1. 认真学习和贯彻国家关于检测活动的有关法律、法规和规章。 优□ 良□ 差□ 2. 自觉遵守实验室规章和制度。 优□ 良□ 差□ 3. 努力推进实验室质量方针的贯彻。 优□ 良□ 差□ 4. 热情为客户服务。 优□ 良□ 差□ 5. 严守机密,诚实守信。 优□ 良□ 差□ 6. 刻苦钻研技术提高检测质量。 优□ 良□ 差□ 7. 恪守职责,团结协作。 优□ 良□ 差□ 8. 维护客户利益提高服务效率。 优□ 良□ 差□ 9. 不得从事有损本中心名誉和利益的活动。 优□ 良□ 差□ 10. 不得介入中国气象局上海物资管理处与其他机构之间的市场竞争和利益冲突。 优□ 良□ 差□
存在问题:	存在问题:
中心主任批示: 签字:　　　　日期:	

6.2 保护客户机密信息和所有权控制程序(SHWGCLAB-PD02-18)

6.2.1 目的

保护客户机密信息和技术所有权不受侵犯,维护本中心的诚实性和公正性(本程序中"检测"包括检定/校准和检测)。

6.2.2 适用范围

适用于客户提供的仪器(物品)及其技术资料、"检测"结果的所有权和客户的专利权,实验室间的比对和能力验证结果的保密。

6.2.3 职责

(1)中心主任(中心副主任)负责保护客户机密和所有权的管理工作,落实各项措施实施所需资源、责任人以及对员工的教育。
(2)技术负责人负责组织对保密措施的要求进行检查。
(3)质量负责人负责组织对保密措施的实施进行监督。
(4)标准与技术发展科负责日常监督检查和管理。
(5)样品管理员负责仪器(物品)和技术资料交接保密。
(6)检测员对"检测"过程、原始记录、证书和报告内容做好保密工作。
(7)档案资料管理员执行技术文件和资料的保密管理。

6.2.4 工作程序

6.2.4.1 仪器(物品)和技术资料的交接

(1)本中心在接受客户方的"检测"任务时,样品管理员向客户方详细询问送检仪器(物品)及技术资料的保密要求,将客户方提交的仪器(物品)、附件、技术资料和其他随带仪器(物品)以及特殊要求记入本中心的 SHWGCLAB-RD06-01《客户委托单(仪器提取凭证)》,并按照客户方委托人的保密要求安排存放技术资料和仪器(物品)。
(2)样品管理员在与客户方完成仪器(物品)以及技术资料的登记和交接后,在 SHWGCLAB-RD06-01《客户委托单(仪器提取凭证)》上签署交接人的姓名,在客户方委托人取回仪器(物品)和技术资料之前,接收人对此期间的保密承担责任。
(3)客户方委托人有特殊保密要求的,样品管理员对需要保密的资料和仪器(物品)加注醒目标记采取保密的隔离保管措施。
(4)对需要在实验室内进行流转"检测"的仪器(物品)及资料,样品管理员和"检测"人员应做好登记、签字的交接记录,防止在交接中出现丢失和泄密。"检测"人员按照本中心的保密要求和规定做好仪器(物品)及其技术资料在"检测"过程中的管理,承担在此期间的保密责任。
(5)当客户对自己的信息和所有权的保护和安全存在疑虑时,技术或质量负责人应与客户签立保密协议。

(6)本中心建立提供符合保密工作要求的工作环境和条件,并落实专人负责;技术负责人应经常对这一保密设施的要求进行检查。

(7)"检测"后的仪器(物品)和技术资料由样品管理员按照客户方委托人的保密要求处置和保存。

6.2.4.2 保护客户方委托人的专利和所有权

(1)本中心承诺保护客户方委托人的专利和所有权。对委托人的送检仪器(物品)和技术资料未经委托人的允许,不得进行剖析、测绘、照相,不允许与"检测"无关人员参观,不得对相关资料进行复印和带离工作区域。

(2)分包校准、检测时,本中心应对分包单位提出保密要求,并对分包校准、检测实施保密监督。

(3)本中心出具的检定/校准证书、检测报告等的所有权属客户方委托人,未经客户方委托人同意不得公开和复制"检测"结果,不得引用"检测"数据。

(4)本中心向客户方委托人出具的检定/校准证书、检测报告的著作权属本中心,并执行SHWGCLAB-PD33-18《检定/校准证书和检测报告管理工作程序》。员工根据需要可借阅,借阅时必须向中心主任提出申请经批准后,方可在本中心阅读,不允许将资料私自带离本中心。

(5)未经本中心同意,客户方委托人不得部分复制本中心的检定/校准证书、检测报告等相关资料(全部复制除外)。

6.2.4.3 发送检验结果的保密要求

(1)本中心向客户方委托人发送"检测"结果时,一般采用本人当面索取。特殊情况需邮寄时,应采用挂号邮寄方式,对有保密要求的应采用保密挂号邮寄。

(2)如客户方委托人要求用电话或传真传送检验报告时,应充分证实发送报告的安全和可靠。

(3)本中心用以"检测"和处理"检测"结果的计算机,不能与互联网络相连,避免通过网络向外界传播。

6.2.4.4 客户进入实验室的规定

(1)当客户要求进入实验室进行参观,核查自己的"检测"仪器(物品)时,需经技术负责人审批,并安排专人陪同,限定活动范围。

(2)参观或核查中注意隐蔽其他客户提交的"检测"仪器(物品)和资料。

(3)如果客户被批准进入实验室后未经许可均不得照相和复印资料。

(4)未经允许或陪同禁止客户独自停留在实验室的"检测"区域。

6.2.4.5 对能力验证或比对结果的保密

(1)当本中心主持某项能力验证或比对时,由参加实验室提供的"检测"结果的所有权属于参加实验室,本实验室应对参加能力验证或比对的结果承担保密责任并执行SHWGCLAB-PD14-18《记录控制程序》。

(2)负责能力验证或比对的人员,应为参加能力验证或比对的实验室所提供的仪器(物品)和技术文件保密。对仪器(物品)及相关文件登记造册,并放置在安全的地方,防止无关人员接触。

(3)能力验证或比对的结果应以匿名方式发送给所有参加实验室。

6.2.4.6 保密工作的监督

(1)标准与技术发展科对客户机密信息和所有权保密工作进行日常监督检查和管理,当发现有泄露或损害客户机密信息和所有权的事件发生或即将可能发生时,立即向质量负责人报告。

(2)质量负责人组织对事件进行调查、取证、分析、判断,如核实已发生泄露或损害客户机密信息和所有权的事件,则提出补救措施及书面处理意见,填写 SHWGCLAB-RD02-01《泄密情况处置报告表》,报中心主任审批;如核实为即将可能发生泄露或损害客户机密信息和所有权的事件,则应及时开展教育,提出预防措施予以纠正和制止。

(3)全体员工应自觉执行为保护客户机密信息和所有权所制定的全部规定和要求。

(4)对有违反上述规定的,应采取纠正措施。对情节严重者,将采取行政处罚直至移交司法机关处理。

6.2.5 相关文件

(1)SHWGCLAB-PD14-18《记录控制程序》;

(2)SHWGCLAB-PD33-18《检定/校准证书和检测报告管理工作程序》。

6.2.6 质量记录

(1)SHWGCLAB-RD02-01《泄密情况处置报告表》;

(2)SHWGCLAB-RD06-01《客户委托单(仪器提取凭证)》。

6.2.7 文件修改记录

修订说明	修订页数	修订日期	批准

泄密情况处置报告表

文件编号:SHWGCLAB-RD02-01

发生泄密事件单位	
泄密内容及密级	

主要责任人基本情况:

泄密事件发现经过:

补救措施:

处理结果:

备注:

中心主任签字:　　　　　　　　填表人签字:　　　　　　　　日期:

第 7 章　资源要求程序

7.1　人员监督和能力监控管理程序(SHWGCLAB-PD03-18)

7.1.1　目的

为了确保检定/校准和检测人员的质量活动持续满足实验室管理体系规定的要求,通过对检定/校准和检测新进人员的监督和已授权人员能力的定期充分监控,来确保检定/校准和检测工作质量(本程序中"检测"包括检定/校准和检测)。

7.1.2　范围

(1)适用于新进人员监督的已授权人员的能力监控。
(2)适用于"检测"活动的所有作业场所。

7.1.3　职责

(1)技术负责人负责人员的授权和能力监控计划的审批。
(2)质量监督员负责人员监督和能力监控的实施。

7.1.4　工作程序

7.1.4.1　人员监督

(1)质量监督员通过考察和评价新进人员的能力,评价是否满足本中心"检测"工作的需要。

(2)新进人员是否理解并执行 SHWGCLAB-PD18-18《环境控制程序》和 SHWGCLAB-PD19-18《实验室安全和内务管理程序》。

(3)对新进人员执行认可准则要素,进行下述几个方面的监督:

①"检测"是否采用国际、区域、国家、部门(行业)发布的技术标准/规范/规程规定的方法,是否现行有效的授权版本。

②能否了解"检测"结果的不确定度,是否了解符合性判别中对不确定度的要求。

③"检测"的原始记录是否正确规范,数据处理是否符合 SHWGCLAB-PD14-18《记录控制程序》和 GB/T 8170-2008《数值修约规则与极限数值的表示和判定》规定。

④是否理解并执行 SHWGCLAB-PD21-18《检定/校准和检测方法及方法证实程序》、SH-

WGCLAB-PD22-18《测量不确定度评定控制程序》和 SHWGCLAB-PD23-18《数据控制程序》。

(4)新进人员是否理解并执行 SHWGCLAB-PD24-18《仪器设备管理程序》。

(5)对新进人员执行认可准则要素 ISO17025"6.5 计量溯源性",进行下述几个方面的监督:

①是否了解或熟悉国际单位制(SI)。

②能否绘制量值溯源图。

③是否理解并执行 SHWGCLAB-PD25-18《测量可溯源程序》、SHWGCLAB-PD27-18《期间核查程序》。

(6)仪器管理是否规范,是否理解并执行 SHWGCLAB-PD29-18《检定/校准和检测仪器(物品)管理程序》。

(7)是否理解并执行 SHWGCLAB-PD30-18《检定/校准和检测结果的质量保证控制程序》。

(8)是否准确、清晰、明确和客观地报告每一项"检测"的结果,并符合"检测"方法中规定的要求。是否理解并执行 SHWGCLAB-PD33-18《检定/校准证书和检测报告管理工作程序》。

7.1.4.2 记录、验证、分析并报告监督结果

(1)质量监督员应随时记录监督内容,并填写 SHWGCLAB-RD03-01《质量监督员记录/报告》上交标准与技术发展科,及时归档。

(2)监督中发现的不符合工作应立即进行纠正,必要时,提出预防措施或纠正措施建议。

7.1.4.3 人员授权

实验室对通过人员监督的新进人员由技术负责人/质量监督员进行授权,并及时更新人员资质记录和人员岗位能力确认表;

7.1.4.4 人员能力监控

(1)实验室可以通过以下方式对已授权人员定期进行能力监控:

能力验证结果;

内部质量控制结果;

内外部审核;

不符合工作的识别;

利益相关方的投诉;

人员监督评价;

考核。

(2)记录、验证、分析并报告能力监控结果

质量监督员填写 SHWGCLAB-RD03-01《人员能力监控记录/报告》上交标准与技术发展科,及时归档。能力监控中发现的不符合工作应立即进行纠正,包括暂停"检测"工作和扣发检定/校准证书、检测报告,并对不符合工作的严重性和可接受性进行评价。必要时,提出预防措施或纠正措施建议。

(3)能力监控记录/报告的处理

质量负责人和技术负责人对质量监督员提交的《能力监控员记录/报告》进行审阅、分析和评价。有以下情况的应考虑采取预防措施或纠正措施:

①监督员已提出预防措施或纠正措施建议。
②同一不符合情况连续发生。
③不同的作业场所发生相同的不符合情况。
并执行 SHWGCLAB-PD11-18《不符合工作控制程序》。

(4)质量监督员必须对需要采取或已经采取预防措施或纠正措施的"检测"人员及其相应的质量活动进行重点地能力监控;对新人、新项目、新设备、新方法有计划地进行重点能力监控。

(5)管理评审前,质量负责人和/或技术负责人对本中心的能力监控工作进行总结,作为管理评审的输入材料之一。

7.1.5 相关文件

SHWGCLAB-PD11-18《不符合工作控制程序》;
SHWGCLAB-PD14-18《记录控制程序》;
SHWGCLAB-PD17-18《人员培训和考核程序》;
SHWGCLAB-PD18-18《环境控制程序》;
SHWGCLAB-PD19-18《实验室安全和内务管理程序》;
SHWGCLAB-PD21-18《检定/校准和检测方法及方法证实程序》;
SHWGCLAB-PD22-18《测量不确定度评定控制程序》;
SHWGCLAB-PD23-18《数据控制程序》;
SHWGCLAB-PD24-18《仪器设备管理程序》;
SHWGCLAB-PD25-18《测量可溯源程序》;
SHWGCLAB-PD27-18《期间核查程序》;
SHWGCLAB-PD29-18《检定/校准和检测仪器(物品)处置程序》;
SHWGCLAB-PD30-18《检定/校准和检测结果的质量保证的控制程序》;
SHWGCLAB-PD33-18《检定/校准证书和检测报告管理工作程序》;
GBT 8170—2008《数值修约规则与极限数值的表示和判定》。

7.1.6 质量记录

SHWGCLAB-RD03-01《人员能力监控计划》;
SHWGCLAB-RD03-02《人员能力监控记录表》;
SHWGCLAB-RD03-03《人员岗位能力确认表》;
SHWGCLAB-RD03-04《人员监督记录表》。

7.1.7 文件修改记录

修订说明	修订页数	修订日期	批准

人员能力监控计划

文件编号:SHWGCLAB-RD03-01

计划时间	被监控人	监控项目	实施时间	监督员

人员能力监控记录表

文件编号:SHWGCLAB-RD03-02

监控日期		监督员	
受监控岗位		地点	
监控内容			

人员能力监控情况:

需要采取的纠正措施和建议采取的纠正措施:

整改情况(如果需要):

备注

人员岗位能力确认表

文件编号：SHWGCLAB-RD03-03

部门：	岗位：		姓名：
基本信息	学历学位： 所学专业： 技术职称： 其他证书：		

培训及其他体现岗位能力所需的情况描述：	备注：
      填写人/日期：	

岗位/授权范围确认： 举例如下（但不限于如下岗位）： 　　检验员：可独立完成XXXX、XXXX类项目的检验、原始记录复核的工作； 　　样品管理员：XXXX实验室的样品管理员； 　　仪器操作员：可独立操作XXXX仪器，具备该仪器的上岗证； 　　业务员：可经办XXXX业务相关事项。 　　按附录C质检中心各岗位任职资格和岗位职责授权 确认人/日期：	备注：

中心意见： 授权签字人（报告签发）、监督员、内审员等关键岗位由中心授权。 批准人/日期：	备注：

人员监督记录表

文件编号:SHWGCLAB-RD03-04

监督日期		监督员	
监督项目		检测员	
监督情况: 1.检测标准: 2.环境条件是否监控并符合要求:是□ 否□; 3.样品整个期间是否按规定标识:是□ 否□; 4.样品是否规定的环境条件贮存及处理:是□ 否□; 5.检测标准及相关作业指导书是否现行正确有效:是□ 否□; 6.检测所用设备是否检定/校准:是□ 否□; 7.检测所用设备是否满足检测要求:是□ 否□; 8.检测所用标准物质是否正确有效:是□ 否□; 9.过程实际操作:熟练□ 不熟练□; 规范□ 不规范□ 偶尔有差错□; 10.检测过程原始记录是否按规定及时填写并内容完整:是□ 否□; 11.检测报告的内容是否符合要求:是□ 否□; 12.检测报告是否按规定进行审批:是□ 否□; 13.检测报告修改是否按规定进行:是□ 否□;			
不符合说明:			
总体评价: 符合□ 不符合□			

7.2 人员培训和考核程序(SHWGCLAB-PD17-18)

7.2.1 目的

为实现质量目标,提高与计量检定/校准和检测等工作直接有关的人员的素质和能力(本程序中"检测"包括检定/校准和检测)。

7.2.2 范围

适用于本中心从事"检测"等工作的技术人员、管理人员及相关人员的培训和考核。

7.2.3 职责

(1)中心主任负责批准人员培训计划。
(2)中心副主任负责审核人员培训计划。
(3)技术负责人负责人员能力授权、能力监控计划的审批。
(4)业务科负责组织上岗基础教育,制定人员培训计划和培训的实施管理。

(5)实验室负责人提出本室年度人员培训需求计划,组织人员教育培训的实施,并负责本室员工的专业教育和技能培训。

7.2.4 工作程序

7.2.4.1 制定人员培训计划

(1)每年年初,根据本中心技术发展规划的总体要求,实验室负责人提出人员培训需求计划,业务科汇总。

(2)分别对新员工、在岗员工、转岗员工、各类专业人员、特殊工种人员、内审员等,根据他们的岗位责任制定并实施培训需求。

(3)业务科根据各科室人员培训需求计划,制定全中心人员培训计划,编写 SHWGCLAB-RD17-01《人员培训需求计划表》提交中心副主任审核,中心主任批准。

(4)审批后的年度人员培训计划,由业务科负责会同各科室组织实施,并对实施情况进行检查,根据实际情况及时调整。

7.2.4.2 专业技术培训

(1)校准人员、校核人员、授权签字人等关键技术人员应具有所从事专业相关的技术知识和技能,包括但不限于以下方面:
①了解测量标准以及被校设备的工作原理;
②熟悉测量标准和被校设备的使用方法;
③掌握校准方法涉及的测量原理;
④掌握校准结果相关的数据处理,能够正确应用和报告测量不确定度;
⑤能够正确使用规范的计量学名词术语和计量单位。

(2)本中心从事计量"检测"和内部审核的人员,需要专门培训和资格考核,合格后取得相应资格水平证书后方可上岗。

(3)按照国家、行业规定和上级主管部门的要求,本中心对 7.2.4.2(1)中所列人员分期分批委托到有权威认证资格的培训部门培训考核。

(4)经专门培训和资格考核的人员取得资格证书后,由业务科登记备案。

7.2.4.3 新员工培训

(1)基础教育

包括"全中心"简介、员工纪律、质量方针和质量目标、质量、安全和环保意识、相关法律法规、质量管理体系文件等的培训。在进入单位一个月内,由业务科组织进行。

(2)岗位技能培训

学习相关标准、规程、所有设备的性能、操作步骤、操作文件、安全事项及紧急情况的应变措施等,由所在部门负责人组织进行。

7.2.4.4 在岗人员技能技术培训

(1)"检测"人员的在岗培训至少包含计量基础知识、专业技术知识、操作技能培训三部分。诸如:
①国家有关计量的法律、法规和规范,我中心的管理体系文件。
②数理统计理论及不确定度评定。

③计量检定规程、校准规范、检测方法及有关技术标准。
④计算机应用。
⑤计量检测设备的原理、使用、维护和修理。
⑥与计量检定、"检测"和计量管理有关知识。
培训由具备资质或能力的机构或人员实施。
(2)新项目、新设备在开展工作前的培训,由技术负责人组织。
(3)技能培训,衔接教育,技术再教育,特殊领域相关知识培训,保证人员的能力,按照《年度人员培训计划》执行。

7.2.4.5 培训效果的评价

(1)由技术负责人负责,各专业实验室配合,提出验证计划、方案并实施。
(2)每次培训结束后,培训人员填写 SHWGCLAB-RD17-02《人员培训记录表》,由实验室负责人汇总,交业务科存档。
(3)技术负责人对培训活动的效果进行评价后,填写 SHWGCLAB-RD17-03《培训有效性评估表》交业务科存档。

7.2.4.6 资历记录

(1)本中心员工认真填写并及时更新 SHWGCLAB-RD17-04《人员资历记录表》,交业务科归档保存。
(2)人员培训获取的各类能力证明材料复印件及时上交标准与技术发展科,存入个人档案。员工的培训、监督和能力监控记录,由业务科执行 SHWGCLAB-PD14-18《记录控制程序》。

7.2.5 相关文件

SHWGCLAB-PD14-18《记录控制程序》。

7.2.6 质量记录

SHWGCLAB-RD17-01《人员培训需求计划表》;
SHWGCLAB-RD17-02《人员培训记录表》;
SHWGCLAB-RD17-03《培训有效性评估表》;
SHWGCLAB-RD17-04《人员资历记录表》。

7.2.7 文件修改记录

修订说明	修订页数	修订日期	批准

人员培训需求计划表

文件编号：SHWGCLAB-RD17-01

序号	培训单位	培训内容	培训人数	培训时间	备注

审核人意见：

中心副主任签名：　　　　　　　　　　　日期：

批准人意见：

中心主任签名：　　　　　　　　　　　　日期：

人员培训记录表

文件编号：SHWGCLAB-RD17-02

姓名	培训地点	培训内容	培训班名称	培训单位	培训时间/课时	学习成绩	培训效果评价

培训有效性评估表

单位: 文件编号:SHWGCLAB-RD17-03

培训项目		培训对象	
培训人数		培训方式	
培训时间		培训课时	
培训教师			
培训情况简介:			
理论培训成绩:			
实际操作能力考试成绩:			
综合成绩:			
培训结论(效果评价、不足及改进措施):			
其他方面补充记录			

记录人: 日期: 批准人: 日期:

人员资历记录表

文件编号:SHWGCLAB-RD17-04

姓名		出生年月		性别	
文化程度		职务/职称		授权从事检定/校准/检测项目	
毕业学校及专业			毕业时间		
参加工作时间			从事检定/校准/检测项目时间		
专业资质	注册计量师		类别		编号
	考评员		类别/专业		编号
	计量技术委员会委员		专业		编号
序号	计量专业考核合格项目		批准日期	批准单位	证号编号
工作经历	起始时间		工作单位	主要工作	职务/职称
技术培训项目	培训单位		培训方式	起止日期	考核成绩

7.3 环境控制程序(SHWGCLAB-PD18-18)

7.3.1 目的

提供完善基础设施,维护开展检定/校准和检测工作所需的适宜检测环境,以保证环境对检定/校准和检测结果不确定度的影响量始终处于最小的程度(本程序中"检测"包括检定/校准和检测)。

7.3.2 范围

(1)对使用仪器设备的环境要求的建立、控制与维护。
(2)"检测"方法对被检仪器(物品)"检测"时环境要求的建立、控制与维护。

7.3.3 职责

7.3.3.1 技术负责人

(1)组织各实验室制定环境控制目标。
(2)建立各监控部位的监控手段和记录措施。

(3)维护本程序的有效性。

7.3.3.2 实验室负责人

(1)提出监控环境设备配置要求,组织本室成员对监控设施与设备的维护管理。
(2)监督"检测"人员监控和记录环境控制参量。
(3)"检测"人员负责记录"检测"环境的监控参数。
(4)质量监督员负责实验室环境条件评价。

7.3.4 工作程序

7.3.4.1 环境目标的确立

(1)环境影响量不应对"检测"构成不利影响并确保测量结果不确定度满足"检测"最低要求的程度。技术负责人组织实验室负责人根据仪器设备的使用限制要求和执行的国家计量检定规程、校准规范/标准等对被"检测"仪器(物品)"检测"时的限制要求建立环境控制目标。

(2)实验室负责人根据与技术负责人讨论所确定的环境控制目标提出实验室所需的环境监控手段、方法和配套的监控设施与设备的配置要求。

①实验室内的环境条件不受污染,保证"检测"质量,设有"检测"人员专用更衣室,要求"检测"人员进入实验室,严格按照 SHWGCLAB-PD19-18《实验室安全和内务管理程序》的要求执行。

②实验室的标准装置安装位置、电源线路的布置及仪器仪表的排放整齐有序,实验室照明设备齐全,确保"检测"环境的明亮度,室内清洁卫生,无与"检测"无关或影响"检测"质量的杂物。

③用于"检测"的房间应适当宽敞,设计合理,便于放置计量标准和其他仪器设备,并有足够的空间能确保"检测"人员正常工作。

④实验室铺设防静电地板或金属板,有效预防静电干扰。

⑤设备安全标志齐全、清晰、醒目,安全用具存放合理。

⑥"检测"设备可靠接地并进行明显标志,确保人身安全。

⑦消防设备充足齐全,定期检查保持其有效性。

⑧降温和取暖设施完备,确保实验室环境的稳定性。

⑨配置温度计与湿度计,记录"检测"环境的监控参数,确保实验室温度与湿度满足"检测"条件要求。

⑩制定并实施 SHWGCLAB-PD32-18《现场检定/校准和检测管理程序》对在固定的实验室设施之外的场所进行的"检测"工作加以有效的控制。

辐射骚扰检测应具备开阔试验场和(或)电波暗室;传导骚扰、骚扰功率检测应具备屏蔽室;辐射抗扰度检测应具备开阔试验场或电波暗室或横电磁波室;传导抗扰度检测应具备屏蔽室或保证环境引入的传导干扰比相应标准规定的抗扰度限值低 20dB 的试验场地。

7.3.4.2 监控设施与设备的配置

(1)依据开展"检测"工作的检定规程、校准规范、作业指导书等技术性资料中对实验室环境设施的规定要求,结合实际工作,实验室负责人确定实验室所必需的基础设施,包括环境设施配备(温度计、湿度计)、服务性设施(水、电、气供应)、通信设施、软件(计算机网络)、安全应急措施(安全工具、消防材料等)、运输设施等。

(2)采购、验收和安装环境监控设备执行 SHWGCLAB-PD24-18《仪器设备管理程序》。

(3)设备管理员应将这些用于环境监测用的仪器设备一同编入本中心的 SHWGCLAB-RD25-01《年度仪器仪表溯源计划表》执行周期检定或校准。合格后粘贴绿色"合格"标识投入使用。

(4)电磁兼容实验室的检测仪器设备和辅助设备应满足 GB/T 6113—1995《无线电干扰和抗扰度测量设备规范》(采用 CISPR16-1)和所申请认可的业务范围以及 CL16《检测和校准实验室能力认可准则在电磁兼容检测领域的应用说明》的要求。

7.3.4.3 相互影响环境的隔离

(1)配置适用的实验室应根据需要适当装修并合理布局。将实行"检测"的实验室与办公场所分开,防止对"检测"质量产生影响。

(2)技术负责人在制定监测环境、被检仪器(物品)"检测"环境控制目标时要考虑不同仪器设备(物品)在不同"检测"作业时、不同被检仪器(物品)在同一个贮存区域之间的相互影响。如有影响应采取隔离措施,用以防止相邻工作域间的不利影响或交叉感染。

(3)实验室内的仪器布置在遵循不能相互影响的同时还应考虑使用的方便性。如二者不能兼顾,则应规定在时间上采取有效的隔离。

7.3.4.4 "检测"中对环境的监控

(1)"检测"人员应在"检测"时检查和记录环境监控参数,认真填写 SHWGCLAB-RD24-02《设备运行记录》,避免环境条件发生偏离后给"检测"结果造成不良影响。当发现环境监控出现偏离时,"检测"人员应立即停止"检测"活动,查找偏离原因。待环境条件恢复到控制标准且保持稳定后,"检测"人员应对在环境失控时采集记录的"检测"数据进行验证。如验证出现问题,实验室负责人应安排"检测"人员重新进行"检测"工作。

(2)当遇特殊客观原因使环境条件达不到监控要求时,实验室负责人应立即上报技术负责人,共同制定并实施隔离措施;在实施隔离措施并确保环境条件达到监控要求后,再安排"检测"人员继续进行"检测"工作。

7.3.4.5 对"检测"环境的维护

(1)本中心技术负责人应组织各实验室负责人对"检测"场所的照明、采光、通风、采暖等基础设施进行经常性的检查,对电磁干扰、噪声、振动、接地体电阻等对"检测"工作造成的不利影响采取有效的预防措施,以保证环境条件不会影响"检测"质量。

(2)当发现环境条件偏离了"检测"或控制要求时,及时查找原因,并执行 SHWGCLAB-PD12-18《实施纠正措施程序》对偏离实施纠正。

(3)配备设施达不到要求或损坏需进行更换时,质量监督员应对环境条件进行评价,填写 SHWGCLAB-RD18-01《实验室环境条件及影响评价表》,并执行 SHWGCLAB-PD24-18《仪器设备管理程序》。

(4)按照 SHWGCLAB-PD19-18《实验室安全和内务管理程序》有关规定,各部门采取有效措施,做好实验室卫生和安全工作,确保实验室良好和互不干扰的工作环境。

7.3.5 相关程序

SHWGCLAB-PD12-18《实施纠正措施程序》;
SHWGCLAB-PD19-18《实验室安全和内务管理程序》;
SHWGCLAB-PD24-18《仪器设备管理程序》;
SHWGCLAB-PD32-18《现场检定/校准和检测管理程序》;
GB/T 6113—1995《无线电干扰和抗扰度测量设备规范》;
CL16《检测和校准实验室能力认可准则在电磁兼容检测领域的应用说明》。

7.3.6 质量记录

SHWGCLAB-RD18-01《实验室环境条件及影响评价表》;
SHWGCLAB-RD18-02《实验室环境监控记录表》;
SHWGCLAB-RD24-02《设备运行记录》;
SHWGCLAB-RD25-01《年度仪器仪表溯源计划表》。

7.3.7 文件修改记录

修订说明	修订页数	修订日期	批准

实验室环境条件及影响评价表

文件编号:SHWGCLAB-RD18-01

项目名称	条件名称	规程要求	现有水平	备注

实验室环境监控记录表

文件编号:SHWGCLAB-RD18-02

年　　月

日期	使用时间	温度(℃)	湿度(%RH)	日期	使用时间	温度(℃)	湿度(%RH)
	开始				开始		
	实验中				实验中		
	结束				结束		
	开始				开始		
	实验中				实验中		
	结束				结束		
	开始				开始		
	实验中				实验中		
	结束				结束		
	开始				开始		
	实验中				实验中		
	结束				结束		
	开始				开始		
	实验中				实验中		
	结束				结束		

7.4　实验室安全和内务管理程序(SHWGCLAB-PD19-18)

7.4.1　目的

为保证员工在工作期间的健康、客户与本中心财物的安全,使本中心的工作环境符合良好有序的要求(本程序中"检测"包括检定/校准和检测)。

7.4.2　范围

适用于"检测"的安全与内务管理。

7.4.3　职责

(1)中心主任负责落实员工安全和健康措施、客户和本中心财产安全措施、本中心环保措施。对进入和使用影响"检测"质量的区域进行控制。

(2)实验室负责人负责制定受控区域标识,内务日常管理,建立本室的安全措施并贯彻执行。

(3)实验室安全员负责安全监控设施实施的管理。

(4)标准与技术发展科负责组织对本中心标识、安全、环保与卫生实施监督检查。

7.4.4 工作程序

7.4.4.1 质检中心的安全

(1)室内管道和电气、电信线路的布置要整齐,对于跨越走道的管线要有防护措施。并定期检查、保养空调及电力设施。

(2)在本中心的适当地点放置灭火器,灭火器注意其保存期限。本中心母体组织负责对人员实施消防培训。

(3)中心主任负责组织建立本中心"检测"活动中对人员、设备设施和"检测"仪器(物品)的各项安全措施。安全措施应考虑:

①用电的控制。
②防止仪器(物品)丢失和失密的措施。
③易燃、易爆品的控制。
④化学试剂的控制。
⑤仪器(物品)运输的安全。
⑥其他因素。

(4)各实验室负责维护责任区内安全设施的完好性,杜绝一切违反安全的作业活动。

(5)全体员工自觉遵守和维护本中心的安全制度与设施,在遇到或发现险情后有责任实施救助。

(6)实验室安全员对安全监控设施实施必要的管理。

7.4.4.2 环境保护、安全与员工健康

(1)中心主任对本中心的废水、废物等有可能构成环境污染和危害员工健康、安全的因素实施控制。对有可能危害员工安全的作业建立安全防护措施。

(2)各实验室人员要相互监督佩带和实施防护设施,达不到安全要求的应停止作业。

(3)对危及人身安全的试验区域,诸如浪涌试验、仿真试验、静电放电等区域进行安全隔离,并加以明显标识,确保安全。

7.4.4.3 质检中心内务管理

(1)全部办公及"检测"环境保持整洁,标准与技术发展科对各部门内务管理进行监督检查。

①办公现场卫生环境做到日清日扫,设有专人值日负责。
②各实验室保持良好的环境条件和工作秩序,工作人员定期对仪器设备进行清洁维护,摆放整齐,无灰尘。
③试验后,现场即时进行认真清理,仪器设备、试验用具等归放原位,由试验过程中造成的污渍及时清除,并做好安全检查。

试验场所禁止吸烟。

7.4.4.4 安排客户进入试验区

(1)当客户提出参观本中心或进入"检测"现场监视为其安排的"检测"时或协助本中心调试受试仪器(物品)时,必须经过技术或质量负责人的批准,佩戴临时出入证,填写SHWG-CLAB-RD19-01《外来人员登记表》,并由专人陪同。未经许可不得照相、复印文件、查阅资料和独立开展"检测"操作。

(2)本中心规定客户不得独自停留在质检中心的"检测"区域。

7.4.4.5 事故处理程序

发生事故后,必须立即采取措施,防止事故或故障扩大。同时,保护好事故或故障现场。未经调查和记录的事故和故障现场,不得任意变动,当事人或最先发现者应立即报告本部门负责人,执行SHWGCLAB-PD38-18《事故报告程序》,造成人身伤亡的亦可越级上报。

7.4.5 相关文件

SHWGCLAB-PD38-18《事故报告程序》。

7.4.6 质量记录

SHWGCLAB-RD19-01《外来人员登记表》。

7.4.7 文件修改记录

修订说明	修订页数	修订日期	批准

外来人员登记表

文件编号:SHWGCLAB-RD19-01

序号	来访人签名	来访事由	单位名称	联系电话	接待人	时间

7.5 仪器设备管理程序(SHWGCLAB-PD24-18)

7.5.1 目的

对用于检定/校准和检测工作的仪器、设备的安全处置、运输、储存、使用和维护等进行规范,以实现对仪器、设备的有效控制和管理,确保检定/校准和检测工作的准确、可靠(本程序中"检测"包括检定/校准和检测)。

7.5.2 范围

适用于本中心计量标准设备和其他对"检测"工作有影响的仪器设备的使用、保管、维护、修理等过程。

7.5.3 职责

7.5.3.1 技术负责人

(1)批准仪器设备的使用、维护作业指导书。
(2)发现仪器设备存在缺陷时负责组织对可能产生的影响进行追溯。
(3)组织人员对"检测"设备包括硬件和软件实施保护。
(4)维护本程序的有效性。

7.5.3.2 实验室负责人

(1)组织编制仪器设备的使用、维护作业指导书。
(2)组织制定仪器设备的维护计划,并监督实施。
(3)提出仪器设备的降级、报废的处理申请意见。

7.5.3.3 "检测"人员

(1)编制仪器设备的使用、维护作业指导书,按照仪器设备的使用、维护要求熟练地操作仪器设备。
(2)做好仪器设备使用时的各种记录。

7.5.3.4 设备管理员

(1)建立仪器设备档案,编制设备操作规程。
(2)负责仪器设备的溯源或校准、核查、使用、维护和保养。
(3)负责粘贴仪器设备管理标识。
(4)标准与技术发展科负责仪器设备管理的监督检查。

7.5.4 工作程序

7.5.4.1 仪器设备的配置

(1)实验室使用的测量标准的测量不确定度(或准确度等级、最大允许误差)应满足校准方法(如检定规程或校准规范)、国家溯源等级图(国家检定系统表)等的要求,当没有相关规定时,其与被校仪器(物品)的测量不确定度(或最大允许误差)之比应小于或等于1/3(太阳辐射测量标准应小于或等于1/2)。

(2)实验室负责人提出仪器设备的配置要求。配置应当满足承检标准和承检能力的要求。配置要求考虑以下因素:

①仪器设备的测量参数范围要求。
②仪器设备的测量参数准确度要求。
③仪器设备的准确度应与被测参数的允许误差相适应。
④仪器设备的测量稳定性要求。
⑤仪器设备的分辨力(灵敏阈)要求。
⑥仪器设备的测量范围与灵敏阈应满足所执行的规程或规范的要求。
⑦仪器设备的自动化要求。
⑧仪器的量值溯源性要求。
⑨仪器设备的价格和维护要求。
⑩对供货厂商的售后服务与培训要求。
⑪其他要求。

7.5.4.2 仪器设备的使用

(1)验收达到要求后的仪器设备由仪器设备管理员及时制定送检/送校计划对其安排检定/校准,执行SHWGCLAB-PD25-18《测量可溯源程序》。

(2)对初次配置的大型贵重且操作技术复杂的仪器设备,由技术负责人安排"检测"人员培训,执行SHWGCLAB-PD17-18《人员培训和考核程序》。

(3)"检测"人员经过培训,详细了解仪器设备使用说明书内容,编写作业指导书,在熟练掌握仪器设备及其软件的性能和操作程序后,方可开机操作,并按规定要求填写SHWGCLAB-RD24-02《设备运行记录》。

(4)"检测"人员经常对仪器设备进行维护保养,通电、去尘及功能性检查。

(5)实验室负责人责成设备使用人员确保校准修正因子的所有备份(例如计算机软件中的备份)得到及时正确的更新。

(6)技术负责人组织人员对"检测"设备包括硬件和软件实施保护,以避免发生致使"检测"结果失效的调整。

7.5.4.3 仪器设备的管理

(1)设备管理员对"检测"工作有影响的仪器设备实施"绿、黄、红"三色标识管理。绿、黄、红三色标识的使用及定义如下:

①绿色标识:经验收、检定/校准后达到使用量值和功能要求的仪器设备;
②黄色标识:某一功能或某一指标达不到仪器本身要求,但又可以限制使用的;
③红色标识:仪器设备损坏,经检定/校准技术指标达不到使用要求的,超过检定/校准周期的,怀疑仪器设备有失准问题的,封存备用的。

(2)因使用不当或其他原因致使仪器设备出现异常或给出可疑结果时,应立即关机、停止使用,并贴上红色标识,存放到规定的地方,以防误用,直至修复并经检定/校准合格后,才能恢复使用。

(3)携带仪器设备到现场进行"检测"时,应将仪器设备放置于稳固的包装箱内,运输过程中减小振动,到达现场后放置于平稳的工作台上(或场所),检查环境条件符合要求后,开机检查性能状态是否符合要求,记录环境条件及 SHWGCLAB-RD24-02《设备运行记录》,并执行 SHWGCLAB-PD32-18《现场检定/校准和检测管理程序》。

(4)对"检测"结果有影响的仪器设备在两次检定/校准之间进行期间核查,以保持其校准状态可信,具体执行 SHWGCLAB-PD27-18《期间核查程序》。

(5)设备管理员对实验室配置的所有仪器设备建立仪器设备的翔实档案。仪器设备的档案包括以下内容:

①仪器设备和软件的名称。
②制造商名称、型号、序号或其他唯一性标识。
③对设备是否符合规范的核查。
④接收日期和启用日期。
⑤目前放置位置。
⑥接收时的状态。
⑦仪器设备使用说明书及存放地点。
⑧所有检定/校准的日期和结果以及下次检定/校准预定日期。
⑨设备的维护计划和维护细节。
⑩设备的损坏、故障、改装或修理的历史记录。

(6)计量标准设备不得随意外借,必要时,填写 SHWGCLAB-RD24-03《计量标准设备借出登记审批表》,报中心主任批准,审批表交装备管理科备案。

(7)与"检测"无关的其他仪器设备出现在"检测"区域时,需粘贴标识,避免误用。

(8)无论什么原因,若设备脱离了实验室的直接控制,设备管理员应会同有关人员确保该设备返回后,在使用前对其功能和校准状态进行核查确定显示满意的结果后才可继续使用,并做好相关记录。

7.5.4.4 仪器设备的修理和报废

(1)仪器设备发生故障或损坏时,由设备管理员提出修理申请,填写 SHWGCLAB-RD24-04《仪器设备检修单》,经技术负责人批准后,请专门技术人员来修理,修复后必须经过检定/校准或功能检查,证明其达到规定的技术要求后,再投入使用。

(2)当仪器设备经检定/校准后或在维护中确认达不到使用要求时,设备管理员填写 SHWGCLAB-RD24-05《仪器设备报废/停用/降级/更换申报表》,向技术负责人提出书面声明。如有可能,经技术负责人和实验室负责人共同确认后可作降级限用处置。降级限用处置的仪器设备,粘贴黄色标识。在技术负责人确认仪器设备无法修复后,由中心主任批准其报废,退出运行。

(3)技术负责人组织对仪器设备发生故障或损坏情况下可能造成"检测"结果的影响进行追溯核查。当核查发现因设备问题已经给"检测"结果造成影响时,实验室负责人以书面形式尽量通知到所有保存检定/校准证书和检测报告和使用"检测"结果的客户。追溯执行 SHWGCLAB-PD11-18《不符合工作的控制程序》和 SHWGCLAB-PD33-18《检定/校准证书和检测报告管理工作程序》。

7.5.4.5 仪器设备的变更

当重要的"检测"设备发生改变后,技术负责人组织相关实验室按照 SHWGCLAB-PD20-18《评审新工作程序》对变更后的仪器设备开展"检测"能力的重新评审确认。

7.5.5 相关程序

SHWGCLAB-PD11-18《不符合工作的控制程序》;
SHWGCLAB-PD17-18《人员培训和考核程序》;
SHWGCLAB-PD20-18《评审新工作的程序》;
SHWGCLAB-PD25-18《测量可溯源程序》;
SHWGCLAB-PD27-18《期间核查程序》;
SHWGCLAB-PD32-18《现场检定/校准和检测管理程序》;
SHWGCLAB-PD33-18《检定/校准证书和检测报告管理工作程序》。

7.5.6 质量记录

JJF1033 附录 D《计量标准履历书》;
SHWGCLAB-RD24-01《仪器设备台账》;
SHWGCLAB-RD24-02《设备运行记录》;
SHWGCLAB-RD24-03《计量标准设备借出登记审批表》;
SHWGCLAB-RD24-04《仪器设备检修单》;
SHWGCLAB-RD24-05《仪器设备报废/停用/降级/更换申报表》;
CNAS-TRL-004:2017《测量设备校准周期的确定和调整方法指南》。

7.5.7 文件修改记录

修订说明	修订页数	修订日期	批准

仪器设备台账

文件编号：SHWGCLAB-RD24-01

序号	仪器名称	规格型号	仪器编号	生产厂家	购入时间	金额	使用状况	存放地点	使用人	备注

设备运行记录

文件编号：SHWGCLAB-RD24-02

设备名称型号：

设备编号： 　　　　　　　　　　　　　　　　　　　　　　　年

使用时间	检测项目	使用原因	运行状态	使用人/地点	备注
		□检定 □校准 □检测 □期间核查 □维护、功能性检查	□正常 □异常		
		□检定 □校准 □检测 □期间核查 □维护、功能性检查	□正常 □异常		
		□检定 □校准 □检测 □期间核查 □维护、功能性检查	□正常 □异常		
		□检定 □校准 □检测 □期间核查 □维护、功能性检查	□正常 □异常		

计量标准设备借出登记审批表

文件编号:SHWGCLAB-RD24-03

借出仪器名称		型号		数量	
借用目的					
借用期限					

借用人签名： 日期：
实验室负责人意见： 签名： 日期：
中心主任批准意见： 签名： 日期：

实际归还日期		设备状况	
保管人签收			

仪器设备检修单

文件编号:SHWGCLAB-RD24-04

仪器设备名称		准确度或不确定度	
型号规格		编号	
购置日期		金额	
故障分析			
	操作人签字:	日期:	
维修方式及费用			
	实验室负责人签字:	日期:	
技术负责人意见	签字: 日期:	中心主任意见	签字: 日期:

仪器设备报废/停用/降级/更换申报表

文件编号:SHWGCLAB-RD24-05

序号	仪器自编号	仪器设备名称	规格型号	准确度	生产厂家	出厂编号	金额	购进日期 年/月/日	保管人	备注

报废/停用/降级/更换原因: 使用人(签字): 日期:	实验室负责人 意见: 签字: 日期:	技术负责人 意见: 签字: 日期:	业务管理室 意见: 签字: 日期:

7.6 计量标准管理程序(SHWGCLAB-PD26-18)

7.6.1 目的

为使测量量值能溯源到国家计量基准,保证测量结果的可信性、可靠性和可比性,对实验室的计量标准进行有效的维护、考核和正确的使用,特编制本程序(本程序中"检测"包括检定/校准和检测)。

7.6.2 范围

适用于计量标准的使用、维护以及溯源与比对。

7.6.3 职责

(1)技术负责人批准计量标准考核计划、考核结果和报告。
(2)设备管理员负责提出、实施计量标准考核计划,编写计量标准考核报告,建立、保存计量标准档案。
(3)检定/校准人员参与计量标准考核实施,整理相关记录。
(4)标准与技术发展科组织计量标准考核,归档保存计量标准考核证书原件。

7.6.4 工作程序

7.6.4.1 计量标准的建立和维护

(1)检定和校准项目必须建立计量标准,计量标准的建立和维护执行 JJF 1033《计量标准考核规范》和 SHWGCLAB-PD20-18《评审新工作程序》。
(2)计量标准只能用于"检测",不能用于其他目的。计量标准器及其配套设备的管理和日常维护,执行 SHWGCLAB-PD24-18《仪器设备管理程序》。
(3)计量标准的储存、外携、运输执行 SHWGCLAB-PD32-18《现场检定/校准和检测管理程序》。
(4)计量标准的定期溯源和定期复查执行 SHWGCLAB-PD25-18《测量可溯源程序》和 JJF 1033《计量标准考核规范》。

7.6.4.2 "检测"人员要求

本中心为每一项检定/校准项目至少配备 2 名具有相应能力,并满足有关计量法律法规要求的检定或校准人员;检测项目至少配备 2 名具有检测资格的人员,并执行 SHWGCLAB-PD17-18《人员培训与考核程序》。

7.6.4.3 环境条件要求

(1)满足检定规程、校准规范和技术标准等的要求,并执行 SHWGCLAB-PD18-18《环境控制程序》。
(2)按检定规程、校准规范和技术标准等的要求做好相关记录。

7.6.4.4 检定/校准方法要求

检定必须选用国家计量检定规程或部门计量检定规程;校准执行国家或部门计量校准规范,无校准规范时等同采用并优先选择国家计量检定规程或部门计量检定规程,并执行 SHWGCLAB-PD21-18《检定/校准和检测方法及方法证实程序》。

7.6.4.5 测量装置的不确定度评定

(1)计量标准装置的"测量不确定度"是指在计量检定规程、校准规范等规定的条件下,用该计量标准对典型的被检/校仪器进行检定/校准时,所得测量结果的不确定度。不要与实验室该项目的最佳测量能力相混淆。

该测量不确定度应包含被测仪器、人员和环境条件对测量结果的影响。所以,计量标准装置的"测量不确定度"实质上是计量标准装置的测量能力。

(2)执行 SHWGCLAB-PD22-18《测量不确定度评定控制程序》。

(3)实施人员应提交测量不确定度评定报告,并由设备管理员归档保存。

7.6.4.6 测量不确定度的验证

按下述顺序优先选用传递比较法、多台比较法或两台比较法进行比对验证。验证前必须选定一个稳定的工作标准或核查标准。传递比较法的评定结果比较可靠,且所得结果具有可溯源性,应优先选择。

(1)传递比较法

用被考核的计量标准测量一个该工作标准或核查标准,设测量结果为 y,y 的扩展不确定度为 U(包含因子 $k=2$,对应的置信概率约 95%)。然后用更高一级的计量标准测量该核查标准,设测量结果为 y_0,y_0 的扩展不确定度为 U_0(包含因子 $k=2$,对应的置信概率约 95%)。

如果满足下式,则计量标准装置的"测量不确定度"评定是合理的:

$$|y - y_0| \leqslant \sqrt{U^2 + U_0^2} \tag{7.1}$$

当测量不确定度满足 3:1 的要求,即 $U_0 \leqslant \frac{1}{3}U$ 时,则上式变为:

$$|y - y_0| \leqslant U \tag{7.2}$$

(2)多台比较法

如果不能得到更高一级的计量标准,可用 3 台以上相同准确度等级的计量标准测量同一稳定的工作标准或计量标准。设测量结果分别为 $y_i,(i=1,2,\cdots\cdots n)$,测量结果的扩展不确定度均为 U(包含因子 $k=2$,对应的置信概率约 95%)。

如果满足下式,则计量标准装置的"测量不确定度"评定是合理的:

$$|y_i - \bar{y}| \leqslant \sqrt{\frac{n-1}{n}} U \tag{7.3}$$

$$\bar{y} = \frac{\sum_{i=1}^{n} y_i}{n} \tag{7.4}$$

式中:$\bar{y}$ 是多台计量标准测量结果的平均值。

(3)两台比较法

如果不能找到多台相同准确度等级的计量标准进行比对,可以采用两台相同准确度等级的计量标准进行比对测量。设测量结果分别为 y_1 和 y_2，测量结果的扩展不确定度均为 U（包含因子 $k=2$，对应的置信概率约 95%）。

如果满足下式，则计量标准装置的"测量不确定度"评定是合理的：

$$|y_1-y_2|\leqslant\sqrt{2}U \tag{7.5}$$

（4）测量数据和结果评价整理后，交设备管理员归档保存。

7.6.4.7 检定或校准结果的重复性考核

（1）检定或校准结果的重复性定义：在重复性测量条件下，用计量标准对常规被检定或被校准对象（以下简称被测对象）重复测量所得示值或测得值间的一致程度。重复性条件包括人、机、法、料、环各个方面的重复。因此，必须在尽可能短的时间内完成重复性测量。

（2）每年至少进行1次重复性测量，并有历年重复性考核记录。

（3）检定或校准结果的重复性通常用观测值的实验标准偏差表示。众所周知，单次测量样本（测量次数无穷大）标准偏差 $s(y)$，是一个特定的计量标准和被测仪器组成的测量系统的固有特性，亦即是一个固定值。为了获得 $s(y)$，观测列测量次数应充分大，通常做 10 次重复测量即可，但不得少于 5 次。如果测量次数不能充分大，为了保证所得观测列实验标准偏差足够准确可靠。单次测量的实验标准差用贝塞尔公式计算：

$$s(y_i)=\sqrt{\frac{\sum_{i=1}^{n}(y_i-\overline{y})^2}{n-1}} \tag{7.6}$$

（4）重复性测量结果判别

对于新建计量标准，检定或校准结果的重复性应当直接作为一个不确定度来源用于检定或校准结果的不确定度评定中。只要评定得到的测量结果的不确定度满足开展的检定或校准项目的需要，则表明其重复性也满足要求。对于已建计量标准，测得的重复性应不大于新建计量标准时测得的重复性。

（5）测量数据和结果评价整理后，交设备管理员归档保存。

7.6.4.8 计量标准稳定性考核

（1）计量标准稳定性定义：计量标准保持其计量特性随时间恒定的能力。即，在一个检定周期的规定时间间隔内，用该计量标准测量一个稳定的被测仪器或核查标准时，所得测量结果的一致性。计量标准稳定性考核与期间核查概念相同，执行 SHWGCLAB-PD27-18《期间核查程序》。

（2）每年至少必须进行1次计量标准稳定性测量，并有历年稳定性考核记录。

（3）所得计量标准稳定性测量结果，不应大于计量标准的最大允许误差。

（4）测量数据和结果评价整理后，交设备管理员归档保存。

7.6.4.9 计量标准考核结果评价

（1）技术负责人组织相关人员对上述测量结果和评价进行评审。

（2）当评价结果不符合规定的要求时，由设备管理员组织相关实验室人员进行原因分析，提出纠正措施，并执行 SHWGCLAB-PD11-18《不符合工作的控制程序》。

7.6.4.10 计量标准考核数据和结果的保存

设备管理员应将计量标准考核所产生的所有测量数据和记录，作为计量标准档案归档保存。

7.6.4.11 计量标准及其配套设备的日常管理执行文件

SHWGCLAB-PD24-18《仪器设备管理程序》。

7.6.5 相关文件

SHWGCLAB-PD11-18《不符合工作的控制程序》；
SHWGCLAB-PD17-18《人员培训与考核程序》；
SHWGCLAB-PD18-18《环境控制程序》；
SHWGCLAB-PD20-18《评审新工作程序》；
SHWGCLAB-PD21-18《检定/校准和检测方法及方法证实程序》；
SHWGCLAB-PD22-18《测量不确定度评定控制程序》；
SHWGCLAB-PD24-18《仪器设备管理程序》；
SHWGCLAB-PD25-18《测量可溯源程序》；
SHWGCLAB-PD27-18《期间核查程序》；
SHWGCLAB-PD32-18《现场检定/校准和检测管理程序》；
JJF 1033《计量标准考核规范》。

7.6.6 文件修改记录

修订说明	修订页数	修订日期	批准

7.7 标准物质管理程序(SHWGCLAB-PD39-18)

7.7.1 目的

使标准物质始终处于受控状态并保持完好,保证检测结果的有效性。

7.7.2 范围

适用于本中心标准物质的采购与验收,入库与保管,验证与使用,标识与档案的管理。

7.7.3 职责

(1)技术负责人负责对标准物质的使用、降级和报废进行审批。标准物质存在缺陷时组织对可能产生的影响进行追溯。

(2)实验室负责人负责编制标准物质的检定、期间核查计划并组织实施。负责标准物质的采购、验收和库房保管工作。

(3)标准与技术发展科负责标准物质管理工作的质量监督。

(4)实验室负责列出标准物质的使用目录及等级要求,提出标准物质的验收、保管、使用、降级、报废要求,建立标准物质档案,正确使用、保管标准物质并做好标准物质使用记录。

7.7.4 工作程序

7.7.4.1 标准物质的采购与验收

(1)标准物质可按照 SHWGCLAB-PD08-18《外部服务和供应品采购管理程序》选择有质量保证的单位进行采购。质量保证的模式通常有:

获得国家标准物质生产许可证;

有计量部门出具证书证明其级别和不确定度;

在保质期内;

符合国家或行业标准的且附有质量合格证明的工程实物标准。

(2)到货的标准物质,由实验室负责人组织逐一验收。验收可采用新购标准物质与在用标准物质进行比对的方式。若二者的使用误差在规定范围之内,则新购标准物质通过验收。验收人员认真做好验收记录。

7.7.4.2 标准物质的贮存、保管

(1)验收合格的标准物质由设备管理员在包装容器上粘贴绿色的"合格"标识,办理入库登记,填写 SHWGCLAB-RD39-01《标准物质登记表》。

(2)入库后的标准物质应遵循标准物质说明书中的要求和保存规定进行贮存。要求贮存环境条件较高的标准物质,其贮存环境应建立监控手段,必要时应规定环境记录的要求。

(3)超过检定有效期或保质期的标准物质,设备管理员应及时粘贴红色的"停用"标识,防止误用。

7.7.4.3 标准物质的降级、报废

(1)实验室应有计划地将过期的标准物质送计量检定机构进行定值。定值活动应执行 SHWGCLAB-PD25-18《测量可溯源程序》。标准物质遵循《国家计量检定系统框图》进行溯源。

(2)定值合格的标准物质由设备管理员粘贴绿色的"合格"标识仍按原等级使用。定值达不到原等级要求的,可根据实际等级,经技术负责人批准后降级使用,注明使用等级,粘贴黄色的"限用"标识,警示限制使用。

(3)经溯源定值达不到使用要求的标准物质,由设备管理员粘贴红色的"停用"标识,集中

报废处理。

7.7.4.4 标准物质的更新替换

标准物质更新替换时应将二者进行比对,若证明比对误差是在合理的范围之内,则由技术负责人予以批准更新使用。比对结果存入标准物质档案。

7.7.4.5 标准物质档案

设备管理员负责建立在用标准物质档案。标准物质档案的内容包含：

(1)标准物质的名称及编号。
(2)生产制造商。
(3)制造和购买时间。
(4)标准物质的等级。
(5)标准物质的量值和准确度。
(6)标准物质的最低库存量。
(7)标准物质的有效期。
(8)领用人和领用量登记。
(9)标准物质更新替换时的验证和比对记录。
(10)其他使用信息。

7.7.5 相关文件

SHWGCLAB-PD25-18《测量可溯源程序》；

SHWGCLAB-PD08-18《外部服务和供应品采购管理程序》；

CNAS-GL004—2018《标准物质_标准样品的使用指南》(2019-2-20第一次修订)；

CNAS-GL035—2018《检测和校准实验室标准物质_标准样品验收和期间核查指南》。

7.7.6 质量记录

SHWGCLAB-RD39-01《标准物质登记表》。

7.7.7 文件修改记录

修订说明	修订页数	修订日期	批准

标准物质登记表

文件编号：SHWGCLAB-RD39-01

序号	标准物质名称	编号	数量	生产日期	有效日期	使用人	备注

7.8 测量可溯源程序（SHWGCLAB-PD25-18）

7.8.1 目的

为确保本中心检定/校准和检测结果的可靠性、可信性和可比性，确保本中心测量活动所涉及的全部量值能够溯源到国家计量基（标）准，使其是国际单位制（SI 单位）的原级实现或是以基本物理常量为根据的 SI 单位约定的表达式；或者溯源到其他国家计量院所校准的次级标准（本程序中"检测"包括检定/校准和检测）。

7.8.2 范围

适用于本中心"检测"设备，包括测量和辅助设备（如环境条件测量设备）的检测。

7.8.3 职责

（1）中心主任（中心副主任）负责批准周期检定/校准计划。
（2）技术负责人负责制定仪器设备的检定或校准（验证）、确认的总体要求。
（3）标准与技术发展科负责检定/校准计划的审查和上报，对测量设备溯源和期间核查的有效性进行监督。
（4）设备管理员负责编制仪器设备的周期检定/校准计划。
（5）实验室负责人负责组织本专业实验室在用仪器设备的送检/校和期间核查；负责检定/校准证书和检测报告副本的归档保存。
（6）"检测"人员负责配合设备管理员执行"检测"设备的检定/校准和期间核查，以及验收和确认。

7.8.4 工作程序

7.8.4.1 量值溯源要求

各实验室应评估设备对最终结果的影响,分析其不确定度对总不确定度的贡献,合理地确定是否需要校准。对不需要校准的设备,实验室应核查其状态是否满足使用要求;对需要校准的设备,应在校准前确定该设备的校准参数、范围、不确定度等,以便送校准时提出明确的、针对性的要求。

(1)对"检测"结果准确性和可靠性有影响的"检测"设备和辅助测量设备(如环境条件测量设备),在投入使用前都应进行"检定或校准"。

(2)本中心开展"检测"服务的各种测量设备,依据 SHWGCLAB-PD24-18《仪器设备管理程序》和 SHWGCLAB-PD26-18《计量标准管理程序》进行管理,并通过使用 CNAS 认可的校准实验室或法定计量检定机构所建立的适当等级的社会公用计量标准的定期检定或校准,将量值溯源至国家计量基(标)准或国际计量基(标)准。

(3)应溯源至公认实物标准,或执行 CNAS-RL02《能力验证规则》,通过比对试验、参加能力验证等途径,证明其测量结果与同类实验室的一致性。

7.8.4.2 周期检定/校准计划和实施

(1)实验室设备管理员按照量值溯源关系,每年初编制本年度实验室仪器设备周期检定/校准计划,并填写 SHWGCLAB-RD25-01《年度仪器仪表溯源计划表》,由标准与技术发展科审查后报中心主任批准。实验室负责人按计划组织送外部检定/校准,并执行 SHWGCLAB-PD08-18《外部服务和供应品采购管理程序》。

(2)实验室负责人按计划提前一个月通知各岗位,安排好"检测"工作,保证不影响正常"检测"工作,按时进行检定/校准。

(3)仪器设备送外部检定/校准前后,须检查仪器设备工作状态,并由实验室统一安排送交检定/校准。

7.8.4.3 外部检定/校准服务的验收

(1)验收人员应仔细审阅检定/校准证书,了解检定/校准结果,有疑问时详细询问承检单位,便于正确使用检定证书或校准证书。

(2)符合要求的检定/校准证书应具有以下信息:

①授权文件的标识。

②检定"合格"的结论。

③量值溯源的声明。

④可进行量值溯源的证据(上一级的标准器的标识和检定或校准证书号)。

⑤具体的检定/校准数据,如被检/被校仪器的示值、实际值(标准值)、示值误差、最大允许误差。

⑥检定/校准的技术依据(检定规程/校准规范标识,检定规程/校准规范是由各级计量行政部门按一定的程序颁布的一种具有法律效力的技术文件,是检定/校准工作的依据。目前国家颁布的检定规程/校准规范以 JJG XXX/JJF XXX 命名。各部门自行发布的检定规程/校准

规范通常在JJG/JJF后面缀以部门的中文名称,如:JJG/JJF(气象)XXX等)。

⑦测量不确定度的数据(需要时)。

⑧检定合格印章(通常习惯用钢印)/校准印章。

(3)取回送检/校设备后,应及时将测量设备、配件及证书向设备管理员交代清楚,设备管理员对其计量特性和功能进行检查,判断是否工作正常,并填写SHWGCLAB-RD25-02《外部检定或校准服务确认记录》,对检定/校准进行签字确认,并粘贴检定/校准状态标志,执行SHWGCLAB-PD24-18《仪器设备管理程序》。

7.8.4.4 期间核查

为保持本中心测量设备检定/校准状态的可信度,必要时对本中心的测量设备进行期间核查,执行SHWGCLAB-PD27-18《期间核查程序》。

7.8.4.5 绘制量值溯源图

(1)当实验室引入新测量设备或对现有设备扩展其测量参数、测量范围时,实验室协同标准与技术发展科/设备管理员绘制量值溯源图。

(2)上一级计量器具框图绘制

相关技术指标由检定/校准证书查得;或由《国家计量检定系统框图》查得。

(3)本中心测量设备框图绘制

相关技术指标参照测量设备技术说明书或由计量检定规程/校准规范得到。

(4)被检测对象框图绘制

被检测对象的技术指标,由其执行的技术标准/规范或由客户提供的技术资料得到。

7.8.5 相关文件

SHWGCLAB-PD08-18《外部服务和供应品采购管理程序》;

SHWGCLAB-PD24-18《仪器设备管理程序》;

SHWGCLAB-PD26-18《计量标准管理程序》;

SHWGCLAB-PD27-18《期间核查程序》;

CNAS-RL02:2018《能力验证规则》;

《中华人民共和国国家计量检定系统框图汇编》;

CNAS-CL01-G002:2018《测量结果的溯源性要求》;

CNAS-CL01-G004:2018《内部校准要求》。

7.8.6 质量记录

SHWGCLAB-RD25-01《年度仪器仪表溯源计划表》;

SHWGCLAB-RD25-02《外部检定或校准服务确认记录》。

7.8.7 文件修改记录

修订说明	修订页数	修订日期	批准

年度仪器仪表溯源计划表

文件编号：SHWGCLAB-RD25-01

序号	标准名称/型号	设备编号	出厂编号	检定/校准/检测周期/类别	溯源单位	有效期至	实际送检/校时间	新证书编号
申请人/日期			技术负责人/日期				中心主任/日期	

外部检定或校准服务确认记录

文件编号:SHWGCLAB-RD25-02

仪器设备名称				型号			
出厂编号(设备编号)				证书编号			
校准日期:							
技术指标:量值名称/单位: 测量范围: 最大允差:							
检定/校准机构名称:							
确认项目							符合性
国家法定计量检定机构授权证书号							
CNAS实验室认可证书号							
检定/校准技术依据(代号、名称)							
量值溯源的声明							
可进行量值溯源证据	所使用的测量(基)标准						
	证书号						
	有效期						
所用计量(基)标准技术指标				量值名称/单位: 测量范围: 不确定度/准确度:$U=$ （$k=$ ）			
检定/校准的结论							
检定/校准印章				检定专用章(钢印)□ 校准专用章□			
具体检定校准数据	指示值						
	标准值						
	示值误差						
	最大允差						
	符合性						
确认结论							
校准状态标识				合格证□ 限用证□ 禁用证□			
相关说明	合格证:经检定/校准/验证后符合相应技术规范要求,可直接使用其指示值; 限用证:某一功能或某一指标达不到相应技术规范要求,但可以限制使用的或降级使用的;或者需要查阅校准证书按校准值使用的; 禁用证:技术指标不合格,立即停止使用,并进行隔离。						
确认人				确认日期			
[注]具体的检定/校准数据栏可视情况增加内容或用附表进行补充							

7.9 期间核查程序(SHWGCLAB-PD27-18)

7.9.1 目的

为证明本中心在用设备在两次检定/校准周期之间,保持检定/校准状态的可信度,特制定本程序。

7.9.2 适用范围

适用于本中心在用设备的期间核查。

7.9.3 职责

7.9.3.1 技术负责人

(1)组织编制并确认需进行核查而且有条件实施期间核查的设备目录,确定期间核查方案。

(2)审批期间核查计划,评价期间核查有效性,并作为管理评审的输入。

(3)批准设备管理员提出的纠正措施或预防措施建议。

7.9.3.2 设备管理员

(1)提出期间核查计划和期间核查方案,并实施期间核查。

(2)做好期间核查记录,填写期间核查报告。

(3)对期间核查发现的校准状态的异常变化及时分析,提出纠正措施或预防措施建议。

7.9.3.3 检定/校准人员

参与期间核查的实施,整理相关记录。

7.9.4 工作程序

7.9.4.1 期间核查计划

设备管理员根据设备的稳定性和使用情况编制 SHWGCLAB-RD27-01《年度期间核查计划》,报技术负责人批准后,按计划进行期间核查。

判断仪器是否需要期间核查至少需考虑以下因素:

设备校准周期;

历次校准结果;

质量控制结果;

设备使用频率;

设备维护情况;

设备操作人员及环境的变化;

设备使用范围的变化。

7.9.4.2 制定核查方案

设备管理员结合使用仪器设备的特点和核查标准的具体情况选择核查方案:

(1)核查标准的参考量值 x_S 未知;
(2)核查标准的参考量值 x_S 已知。

7.9.4.3 期间核查的实施

设备管理员依据期间核查计划以及本程序文件附录和所选择的核查方案实施,并填写期间核查报告:

(1)当核查标准的参考量值 x_S 未知时,填写 SHWGCLAB-RD27-02《期间核查报告(参考量值 x_S 未知)》;

(2)当核查标准的参考量值 x_S 已知时,填写 SHWGCLAB-RD27-03《期间核查报告(参考量值 x_S 已知)》。

7.9.4.4 期间核查结果评价和利用

(1)期间核查结果的分析和利用见 7.9.6.5。
(2)技术负责人依据附录对期间核查报告进行评审,并将评审结果作为管理评审的输入。

7.9.4.5 核查结果的归档

设备管理员每年将期间核查实施记录和报告归入仪器设备档案存档。

7.9.5 质量记录

SHWGCLAB-RD27-01《年度期间核查计划》;
SHWGCLAB-RD27-02《期间核查报告(参考量值 x_S 未知)》;
SHWGCLAB-RD27-03《期间核查报告(参考量值 x_S 已知)》。

7.9.6 附录

7.9.6.1 期间核查的概念

期间核查是指:为保持设备校准状态的可信度,而对设备示值(或其修正值或修正因子)在规定的时间间隔内是否保持其规定的最大允许误差或扩展不确定度或准确度等级的一种核查。也就是说,期间核查实质上是核查设备示值的系统误差,或者说核查系统效应对设备示值的影响。

7.9.6.2 设备的最大允许误差

设备的最大允许误差又称误差限(limit of error),或简称最大允差,它是"由给定设备的规范或规程所允许的、相对于已知参考量值的测量误差极限值"。

最大允差是一个区间,常用符号"MPE"表示,其数值带有"±"号。对于界限对称的区间,其中心值为参考量值 x_S,它可以是被测量的"真值"或由可忽略不确定度的测量标准赋予的量值。若用 Δ 表示最大允差的绝对值,则最大允差的区间可以表述为

$$[x_S-\Delta, x_S+\Delta] \tag{7.7}$$

7.9.6.3 设备的不确定度

测量设备的不确定度是指"由所用设备引起的测量不确定度分量"。设备的不确定度可用于测量不确定度的 B 类评定。与设备不确定度有关的信息,通常可在仪器技术规范中或在检定/校准证书中获得。

对于界限对称的不确定度区间,设其中心值为参考量值 x_S。若设备的扩展不确定度为 U ($k=2$ 或 U_{95}),则设备的扩展不确定度区间可以表述为

$$[x_S-U, x_S+U] \text{ 或 } [x_S-U_{95}, x_S+U_{95}] \tag{7.8}$$

7.9.6.4 需要期间核查的设备及核查标准的选择

如果存在合适的比较稳定的对应于该参数的实物量具,可以用它作为核查标准来进行期间核查。如果对于该被测参数来说,不存在可以作为核查标准的实物量具,同时也没有稳定性好的被测仪器,可以不作期间核查。一次性使用的标准物质可以不进行期间核查。

7.9.6.5 设备测量范围和测量参数的选择

期间核查不是重新校准或再校准,不需要对设备的所有测量参数和所有测量范围进行核查。实验室应当根据自身的实际情况和实践经验进行选择。建议按下述几种情况分别处理:

(1)原则上设备关键测量参数都必须进行期间核查。但是,对于多功能设备,应当选择基本参数。例如数字多用表,可以选择直流电压和直流电流参数,因为电阻是由直流电压和电流导出的,交流电压/电流是通过直流电压/电流转换给出的。

(2)选择设备的基本测量范围及其常用测量点进行期间核查。例如数字多用表的直流电压可选择 10 V 进行期间核查,因为其内部基准电压为 10 V;直流电流应选择 1 mA,因为其内部基准电流为 1 mA 的恒流发生器。再如电子天平可选择 100 mg 进行期间核查,因为电子天平通常配备 100 mg 内置校准砝码。

7.9.6.6 核查标准的参考量值 x_S 未知,期间核查的实施步骤

步骤一:确定核查参考量值 x_S

核查标准选定后,因为核查标准的量值未知,所以首先必须确定核查标准的量值。直接使用仪器设备的示值时,期间核查的目的是"核查实际值 x_S 的变化是否超出其允许误差限 $\pm\Delta$"。

众所周知,被核查仪器设备的示值误差 δ 可表示为

$$\delta = x - x_S \tag{7.9}$$

式中:δ 为测量仪器示值误差;x 为被核查测量仪器的示值;x_S 为测量标准复现的量值,即参考量值,有时也称实际值或标准值。

为了确定核查标准的量值,在仪器设备送检或送校后立即进行第一次测量,并记录被核查仪器设备的示值 x_0。由检定证书/校准证书可查得示值误差 δ,由下式计算核查标准的量值为

$$x_S = x_0 - \delta \tag{7.10}$$

需指出,第一次测量必须在仪器设备送检或送校后立即进行,以避免其示值发生变化。

确定核查参考量值 x_S 的过程,实际上是通过第一次测量,由被核查仪器设备的检定/校准证书的信息,求出测量标准复现的量值,或赋予核查标准参考量值 x_S。

步骤二:进行第一次核查,记录测量值 x_1

确定了核查标准的参考量值 x_S 之后,就可以进行期间核查了。每次核查都是与参考量值进行比较,即与核查标准参考量值 x_S 比较。第二次测量可在第一次测量之后 2~6 月内进行,并记录测量得到的"核查标准"同一参数的数值 x_1。两次测量之间的时间间隔,可以由被核查

仪器设备的状况和试验人员的经验确定。

步骤三：计算核查值 x_1 与参考量值 x_S 的差值

对于第二次测量值 x_1，与核查参考量值（参考量值）x_S 相比，如果被核查仪器设备的检定/校准状态得到维持，则必须满足

$$|x_1-x_S|=|x_1-x_0+\delta|\leqslant\Delta(\text{或}\ U_{95}) \tag{7.11}$$

式中：x_0 是被核查设备第一次测得的"核查标准"某参数的数值（直接由示值给出，不进行修正）；x_1 是被核查设备第二次测得的"核查标准"同一参数的数值（直接由示值给出，不进行修正）；δ 是被核查设备的示值误差；Δ 是被核查设备的最大允许误差绝对值。

步骤四：确定期间核查判据

定义判据 H 值判别被核查仪器设备的检定/校准状态是否得到维持

$$H=\frac{|x_1-x_0+\delta|}{\Delta}\ \text{或}\ H=\frac{|x_1-x_0+\delta|}{U_{95}} \tag{7.12}$$

如果判据 $H\leqslant 1$，被核查仪器设备的检定/校准状态就得到维持。

如果判据 $H>1$，被核查仪器设备的检定/校准状态就没有得到维持。

步骤五：期间核查结果的评价和利用

接受准则：$H\leqslant 0.7$，表明被核查的仪器设备的检定/校准状态得到保持；

拒绝准则：$H>1$，表明被核查的仪器设备的检定/校准状态没有得到保持，必须查找原因并迅速采取纠正措施或重新检定/校准；

临界预防准则（推荐）：$0.7<H\leqslant 1$，表明被核查的仪器设备的检定/校准状态接近临界，这时必须查找原因并采取适当的预防措施（包括增加核查次数）。需要指出，推荐的临界预防准则的下限 0.7 需要根据不同实验室和不同设备的情况决定。也可以是 0.8 甚至 0.9，其选择需要在资源投入和风险之间进行折中。

7.9.6.7 注意事项

期间核查应在尽可能理想的环境条件下进行，应重复测量 10 次，以消除随机因素的影响。因此，应取 x_0 和 x_1 的平均值给出测量结果：

$$\overline{x_0}=\frac{\sum_{i=1}^{10}x_{0i}}{10}$$

$$\overline{x_1}=\frac{\sum_{i=1}^{10}x_{1i}}{10} \tag{7.13}$$

是否需要进行第二次、第三次等，可以根据实验室的要求进行。

7.9.6.8 "核查标准"是已知参考量值 x_S 时，期间核查的实施

如果采用已参考量值 x_S 的"核查标准"，则可不进行第一次测量，可以省略步骤一和步骤二。

这时，用下式判别被核查设备的检定/校准状态是否得到维持

$$H=\frac{|\overline{x_1}-x_s|}{\Delta}\ \text{或}\ H=\frac{|\overline{x_1}-x_s|}{U_{95}} \tag{7.14}$$

建议：优先采取已知参考量值 x_S 的"核查标准"。

7.9.7 文件修改记录

修订说明	修订页数	修订日期	批准

年度期间核查计划

文件编号：SHWGCLAB-RD27-01

序号	期间核查计划编号	设备名称/参数名称	方案	日期
			核查标准： 参考量值 x_S 未知□ 参考量值 x_S 已知□	
			核查标准： 参考量值 x_S 未知□ 参考量值 x_S 已知□	
			核查标准： 参考量值 x_S 未知□ 参考量值 x_S 已知□	
			核查标准： 参考量值 x_S 未知□ 参考量值 x_S 已知□	

期间核查报告(参考量值 x_S 未知)

文件编号:SHWGCLAB-RD27-02

设备名称			期间核查人员							
型号										
编号			核验员							
设备主要技术指标	参数/单位:									
	测量范围:									
	最大允许误差/准确度等级/扩展不确定度:$\Delta=\pm$____ 或 $U_{95}=$____($k=2$)									
核查标准	核查标准名称:参数/单位:									
	核查参考量值赋值 x_S 记录									
	序号	1	2	3	4	5	6	7	8	9	10
	x_0( )										
	x_S	$x_s=\bar{x}_0-\delta=$____				(δ 由检定/校准证书查得)					
第1次核查日期:	序号	1	2	3	4	5	6	7	8	9	10
	x_1( )										
	判据	$H=\|(\bar{x}_1-\bar{x}_0+\delta)/\Delta\|=$____ 或 $H=\|(\bar{x}_1-\bar{x}_0+\delta)/U_{95}\|=$____				期间核查结论			合格□ 预防□ 不合格□		
第2次核查日期:	序号	1	2	3	4	5	6	7	8	9	10
	x_2( )										
	判据	$H=\|(\bar{x}_1-\bar{x}_0+\delta)/\Delta\|=$____ 或 $H=\|(\bar{x}_1-\bar{x}_0+\delta)/U_{95}\|=$____				期间核查结论			合格□ 预防□ 不合格□		
技术负责人评审意见:											
	签名:					日期:					

【注】括号内填写被核查参数的单位。

期间核查报告(参考量值 x_S 已知)

文件编号:SHWGCLAB-RD27-03

设备名称											
型号					期间核查人员						
编号					核验员						
设备主要技术指标	参数/单位:										
	测量范围:										
	最大允许误差/准确度等级/扩展不确定度:$\Delta=\pm$____或$U_{95}=$____($k=2$)										
核查标准	名称:参数/单位:标准值:$x_S=$____										
第1次核查日期:	序号	1	2	3	4	5	6	7	8	9	A
	x_1( )										
	$\overline{x_1}$( )										
	判据	$H=\left|\dfrac{\overline{x_1}-x_S}{\Delta}\right|=$____或$H=\left|\dfrac{\overline{x_1}-x_S}{U_{95}}\right|=$____							期间核查结论		合格□ 预防□ 不合格□	
第2次核查日期:	序号	1	2	3	4	5	6	7	8	9	A
	x_2( )										
	$\overline{x_2}$( )										
	判据	$H=\left|\dfrac{\overline{x_2}-x_S}{\Delta}\right|=$____或$H=\left|\dfrac{\overline{x_1}-x_S}{U_{95}}\right|=$____							期间核查结论		合格□ 预防□ 不合格□	

技术负责人评审意见:

签名:　　　　　　　　　　　　日期:

【注】括号内填写被核查参数的单位。

7.10 校准和检测分包管理程序(SHWGCLAB-PD07-18)

7.10.1 目的

对供方(分包方)进行有效控制,确保本中心稳定地向客户提供满足要求的校准和检测服务,实现客户满意。

7.10.2 范围

适用于对本中心校准和检测分包工作的管理。

7.10.3 职责

(1)技术负责人负责审批分包申请,以及供方资质评价的批准。

(2)实验室负责人负责提出校准/检测分包工作申请,对分包方资质进行审查/评估,监督分包工作的实施,保存涉及分包相关资料/记录,监督供方履行保密承诺。

7.10.4 工作程序

7.10.4.1 分包工作的通用要求及条件

本中心的校准/检测能力完全满足认证、认可范围内的项目,通常不进行分包。在以下几种特殊情况下,允许分包:

(1)因偶然因素,造成在仪器设备、人员、设施等方面部分不能满足要求时。

(2)客户指定分包时。

(3)法定管理机构指定分包时。

7.10.4.2 供方的评价

实验室对拟定的分包方资质进行评估。

(1)评价的内容

①供方的校准和检测能力。

②供方的业绩和信誉。

③供方的质量体系状况。

④以上内容的组合。

(2)评价的方式

①现场调查/质量体系审核。

②资质审查。

③对比历史业绩。

④参考与其他同行合作的信誉。

⑤以上方式的组合。

(3)评价的时机

①根据预期,在尚无具体的分包需求时先期开展。

②在有分包需求后进行。

(4)由实验室填写 SHWGCLAB-RD07-02《分包方能力评审记录》,呈技术负责人审批。如供方质量体系等发生重大变化,及时重新评价,确定供方是否仍符合要求。

(5)实验室将该供方的有关信息登录本部门的 SHWGCLAB-RD07-03《分包方名录》,并每年底报标准与技术发展科备案。

7.10.4.3　客户认可

在进行分包前,必须征求客户意见和对分包工作提出的质量要求,取得客户的认可,最好是获得客户的书面认可。

7.10.4.4　分包的申请与审批

实验室根据工作需要提出分包需求,并填写 SHWGCLAB-RD07-01《分包项目申请表》,经实验室负责人审核后报技术负责人审批。

7.10.4.5　供方的选择

(1)实验室从本部门 SHWGCLAB-RD07-03《分包方名录》中选择适合供方。

(2)对供方的选择可采用招标方式进行。

(3)实验室应汇总、编制分包资料(包括技术要求、验收标准、分包计划申请、供方评价结论等资料或其复印件),作为分包实施依据。

7.10.4.6　分包项目的验收

(1)实验室依据相应的分包资料的有关条款组织对分包项目验收。验收人在 SHWGCLAB-RD07-01《分包项目申请表》中填写验收结果和结论,并签字。

(2)对本中心不具备验收能力的产品,应委托第三方权威机构验收。

(3)有要求时,可与客户共同对分包项目进行验证。但客户参与验证,不能免除本中心提供合格校准/检测服务的责任。

7.10.4.7　分包工作结束后

分包工作结束后,实验室应对供方工作予以记录,填写并保存 SHWGCLAB-RD07-04《合格供方工作记录表》,除用于可追溯,还作为合格供方复评的依据,并每年底报标准与技术发展科备案,执行 SHWGCLAB-PD14-18《记录控制程序》。

7.10.4.8　保密承诺

实验室应监督供方履行保密承诺,并执行 SHWGCLAB-PD02-18《保护客户机密信息和所有权控制程序》。

7.10.4.9　抽查

标准与技术发展科适时对实验室分包工作情况进行抽查。

7.10.4.10　工作记录

实验室保存由供方完成的校准和检测工作记录,并在出具的校准证书和检测报告中清晰注明。

7.10.4.11　归档

实验室负责分包记录的归档保存,保存期 6 年。

7.10.5 相关文件

SHWGCLAB-PD02-18《保护客户机密信息和所有权控制程序》;
SHWGCLAB-PD14-18《记录控制程序》。

7.10.6 质量记录

SHWGCLAB-RD07-01《分包项目申请表》;
SHWGCLAB-RD07-02《分包方能力评审记录》;
SHWGCLAB-RD07-03《分包方名录》。

7.10.7 文件修改记录

修订说明	修订页数	修订日期	批准

分包项目申请表

文件编号:SHWGCLAB-RD07-01

	分包单位名称							
项目要素	项目名称	合同名称	合同工期	分包方式	材料供应结算方法		价款结算方式	分包合同总价(万元)
				□包工包料 □包工不包料	□按业主供应价结算 □按协议价结算 □自行采购		□总价承包 □协议结算	
分包原因	□偶然因素,仪器设备、人员、设施等方面部分不能满足要求; □客户指定分包; □法定管理机构指定分包。							
分包项目开工时间:				分包项目完成时间:				
填表人:		日期:						
实验室负责人审核意见: 签字: 日期:				技术负责人审批意见: 签字: 日期:				

分包方能力评审记录

文件编号：SHWGCLAB-RD07-02

单位名称					
地址					
负责人		电话		E-mail	
联系人		电话		E-mail	
实验室法人单位名称					
主要分包项目					
实验室概况	(简要叙述实验室人员、设备、能力范围、认可情况及分包项目是否在认可范围内等) 调查人/日期：				
评审情况	按 SHWGCLAB-PD07-18 校准和检测分包管理程序规定进行评审，情况如下： 评价人/日期：				
审批意见	 批准人/日期：				
备注	□法律地位证明文件复印件 □实验室认可证书复印件 □实验室认可范围 □其他				

分包方名录

文件编号：SHWGCLAB-RD07-03

序号	供方名称	服务名称	列入日期	评价表编号	备注

7.11 外部服务和供应品采购管理程序（SHWGCLAB-PD08-18）

7.11.1 目的

对影响检定/校准和检测工作质量的采购进行控制，以确保外来的采购服务和供应的质量（本程序中"检测"包括检定/校准和检测）。

7.11.2 范围

本程序适用于本中心与"检测"有关的测量设备、仪器仪表、易耗材料等采购。

7.11.3 职责

(1) 中心主任（中心副主任）负责采购文件的审批。

(2) 实验室负责人负责提出仪器设备的配置要求，制定采购计划，并协助购买；组织采购物资检查验收；采购资料和档案管理工作，并建立合格供方名录。

(3) 技术负责人组织评审供方的资质与能力，选择合格的供方；对采购计划的技术内容进行审查。

(4) 财务科负责落实采购活动。

(5) 各实验室负责编制各种相关的服务和供应品采购计划表。

7.11.4 工作程序

7.11.4.1 制定采购计划

实验室负责人根据工作需要制定采购计划，采购计划应包含以下信息：

(1) 供应品的名称、规格、单位、单价、数量等信息。

(2)采购服务也可提出对提供服务的人员资格、能力水平要求。

(3)承担仪器设备的计量检定和校准服务机构须通过法定管理机构授权或实验室认可。

7.11.4.2 审批采购计划

实验室负责人填写SHWGCLAB-RD08-01《物资采购计划单》,交技术负责人对采购计划的技术内容进行审查,报中心主任(中心副主任)批准。

7.11.4.3 采购

(1)批准后的采购计划由财务科组织落实,需要时申购申请的实验室予以协助配合。大型仪器设备的采购依据合同管理办法,执行合同审批流程。合同实行网上审批,相关实验室负责人组织填写《合同审批表》,根据经费审批权限进行审批。

(2)供方的选择应优先从SHWGCLAB-RD08-04《合格供方名录》中选择、购置。

(3)采购仪器设备时还应考虑法律和法规对产品的要求。

7.11.4.4 检查验收

(1)所采购的支持服务和供应品,由实验室负责人组织检查验收,并填写SHWGCLAB-RD08-02《仪器设备验收报告》。只有在符合规定要求后才能通过验收。未达到规定要求的,由采购人员与供方联系解决。采用退货处理的,可重新从SHWGCLAB-RD08-04《合格供方名录》中选购。

(2)计量标准验收合格后,设备管理员建立SHWGCLAB-RD24-01《仪器设备台账》,并填写JJF1033附录D《计量标准履历书》。

7.11.4.5 投入使用和存储

(1)采购的支持服务和供应品只有在检查验收合格并按规定入库后才能由使用人办理领用手续。

(2)入库后的服务和供应品应遵循说明书中的要求和保存规定进行贮存。要求贮存环境条件较高的服务和供应品,其贮存环境应建立监控手段,必要时应规定环境记录的要求。

7.11.4.6 执行文件

仪器设备外部检定/校准服务的采购与验收执行SHWGCLAB-PD25-18《测量可溯源程序》。

7.11.4.7 记录保存

采购计划,合格供方名录和所采取的符合性检查活动的记录,以及跟踪使用记录,由实验室负责收集保存,保存期6年。

7.11.4.8 合格分供方的评价

(1)对影响供应品质量的重要供应商要进行合格供方的评价。

(2)由实验室填写SHWGCLAB-RD08-03《供方评价记录表》,由技术负责人组织有关部门的人员进行合格供方的评价,如供方质量体系等发生重大变化,应及时重新评价,确定供方是否仍符合要求。

(3)合格供方的评价程序按以下步骤进行:

①收集供方的名单；

②收集有关仪器和服务业绩背景资料，即是否通过产品质量认证、质量体系认证、计量认证、获得生产许可证以及历年供货服务等；

③了解是否有仪器实验条件和考查质量体系可能性；

④必要时进行实验和现场考查质量体系。

(4) 经调查凡是通过产品质量认证、质量体系认证、计量认证、获得生产许可证以及仪器实验或考查质量体系符合要求的经评价组讨论通过后可列入 SHWGCLAB-RD08-04《合格供方名录》。

7.11.5 相关文件

SHWGCLAB-PD24-18《仪器设备管理程序》；

SHWGCLAB-PD25-18《测量可溯源程序》；

《中国气象局上海物资管理处合同管理办法》。

7.11.6 质量记录

SHWGCLAB-RD08-01《物资采购计划单》；

SHWGCLAB-RD08-02《仪器设备验收报告》；

SHWGCLAB-RD08-03《合格供方评价记录表》；

SHWGCLAB-RD08-04《合格供方名录》；

SHWGCLAB-RD08-05《合格供方工作记录表》。

7.11.7 文件修改记录

修订说明	修订页数	修订日期	批准

物资采购计划单

文件编号：SHWGCLAB-RD08-01

序号	物资名称	规格型号	计量单位	单价	申请数量	审批数量	备注

实验室负责人：　　　　　　　　　　日期：

技术负责人审批意见：

签字：　　　　　　　　　　日期：

中心主任批准意见：

签字：　　　　　　　　　　日期：

仪器设备验收报告

文件编号:SHWGCLAB-RD08-02

验收项目		型号	
制造厂		购置时间	
验收人员		验收日期	
验收方法			
技术指标要求			
验收情况简单描述			
验收结果			
验收结论	可否投入使用的结论		
问题和建议			
验收人签名:		日期:	

合格供方评价记录表

文件编号:SHWGCLAB-RD08-03

服务项目名称				
供方名称				
供方地址		邮编		
联系电话		传真		
法人代表		联系人		
供方服务时间		市场准入证号		
供方服务内容				
序号	评价项目	评价结论		
1	供方的生产能力			
2	供方的业绩和信誉			
3	供方的质量体系状况			
评价综述:				
实验室负责人:	签字:		日期:	
技术负责人 批准意见:				
	签字:		日期:	
备注:				

合格供方名录

文件编号：SHWGCLAB-RD08-04

序号	供方名称	服务名称	列入日期	评价表编号	备注

合格供方工作记录表

文件编号：SHWGCLAB-RD08-05

供方名称			
供方地址		邮编	
联系电话		传真	
法人代表		联系人	
序号	供方服务项目	服务时间	服务内容	服务质量
备注：				

第8章 过程要求程序

8.1 服务客户工作程序(SHWGCLAB-PD09-18)

8.1.1 目的

通过对客户服务的管理控制,满足客户的检定/校准和检测需求,解决客户的后顾之忧,树立良好的企业形象,真正做到"公平、公正、公开"(本程序中"检测"包括检定/校准和检测)。

8.1.2 范围

本程序适用于本中心与服务客户有关事项的管理工作。

8.1.3 职责

(1)中心主任(中心副主任)负责与客户有关工作的批准,对客户服务管理程序、标准的建立、修订及实施负有直接领导责任。

(2)质量负责人负责客户满意度调查的组织和领导工作,负责分析、处理与反馈意见相关的技术运作问题。

(3)实验室负责人及时就技术报告编制、提交及后续工作的要求与客户进行沟通,以最大限度地满足客户要求。

(4)实验室在确保其他客户机密的前提下,接受客户现场监视与他有关的检测活动。

(5)标准与技术发展科负责对客户满意度调查的归口管理和统计工作。

(6)样品管理员负责与客户的联系、接待,负责检测工作中的解释、征询意见等与客户有关的工作。

(7)本中心全体人员均有义务保护客户机密信息,执行本中心制定的行为规范和服务标准,积极与客户沟通,解答客户的问询,接待客户。

8.1.4 工作程序

8.1.4.1 客户沟通

(1)样品管理员应采取面谈、电话、传真、信函等多种方式向客户介绍包括本中心实验室的概况、"检测"服务范围及服务承诺等信息。

(2)在接待客户洽谈委托"检测"业务时,样品管理员应充分与客户沟通,确认客户需求。

(3)"检测"项目实施过程中,"检测"人员应主动问询和积极解答客户对"检测"项目执行过程中的问询。要有良好的态度、优质的服务,处理好与客户之间的关系。

(4)"检测"工作完成后,实验室负责人应及时就技术报告编制、提交及后续工作的要求与客户进行沟通,以最大限度地满足客户要求。

8.1.4.2 工作流程

(1)样品管理员认真填写 SHWGCLAB-RD06-02《客户委托单(仪器提取凭证)》。当不能发现"检测"仪器(物品)潜在的缺陷时,应以注明:检测仪器(物品)没有发现明显的外观缺陷,其他隐含特性待查。并征求客户对送检仪器(物品)及技术资料的贮存和保密要求,当客户有特殊要求时,请客户在 SHWGCLAB-RD06-02《客户委托单(仪器提取凭证)》中注明详细要求。

(2)样品管理员对外观检查合格的仪器(物品)进行标识,并及时通知相应实验室到收发室领取。实验室人员与样品管理员一一清点接收的仪器、附件和技术资料以及仪器(物品)缺陷的确认。清点确认后实验室接收人在 SHWGCLAB-RD06-02《客户委托单(仪器提取凭证)》上签字。此后送检仪器(物品)由实验室负责保管。

(3)仪器(物品)到中心后需开箱验收,确认符合"检测"要求。若用户需亲自到现场验收,请说明,否则视为同意验收结果。

(4)根据"检测"计划安排"检测"工作,如有必要需用户技术工程师到场配合调试;

(5)对已"检测"完毕的仪器(物品),实验室负责办理证书的填写和送签,并将送检仪器(物品)(二等标准水银温度表除外)及其证书和收费通知单(一式四联)一并送交样品管理员,样品管理员清点核准后签字接收。

(6)送检单位提取仪器(物品)时,按先交费后盖章的原则,样品管理员凭客户的交费凭单或银行回执单(用户汇款,将银行回执单以传真方式传给中心)办理证书盖章及仪器(物品)发放。交费暂时有困难时,可先取走仪器(物品),待交费后再寄发证书。

(7)仪器(物品)在发放前,样品管理员按客户委托单登记的内容认真核对无误后再发放仪器(物品),并办理客户签收手续。

(8)对送检仪器(物品)的保密执行 SHWGCLAB-PD02-18《保护客户机密信息和技术所有权程序》。送检仪器(物品)流转过程中,各阶段"检测"仪器负责人对送检仪器(物品)的保密承担责任。

8.1.4.3 客户的接待

(1)样品管理员负责送检客户的接待、电话咨询、解释等工作。要做到热情周到、说话和气、礼貌待人,在力所能及的情况下为客户提供各种帮助。

(2)实验室应与客户或其代表合作,以明确客户要求,并在实验室能确保其他客户机密的前提下,允许客户监视与其工作有关的操作。

8.1.4.4 办理业务

工作人员办理业务要认真负责,耐心、细致、快速、准确地办理各项业务,避免出现错收、错发、漏收、漏发及登记不详等现象,一旦出现差错,要立即向客户表示歉意,取得谅解,并及时改正。

8.1.4.5 客户满意度调查

(1)本中心通过传真、电子邮件、电话、口头方式,采用主动询问和接受客户投诉等方法,进行客户对本中心提供服务满意度的调查。采用接受客户投诉,进行客户对中心提供服务满意度的调查时执行 SHWGCLAB-PD10-18《处理投诉程序》。

(2)客户满意度调查分以下几种形式

①年度的综合调查:由标准与技术发展科以每年度向客户发放 SHWGCLAB-RD09-01《客户满意度调查表》的形式,进行综合性调查。

②项目跟踪调查:在项目完成时,由实验室向客户发放 SHWGCLAB-RD09-01《客户满意度调查表》的形式,进行客户对该项目实施结果的满意度调查。

③对于常规及例行"检测"项目,通过口头与客户沟通的形式进行满意度调查,并做好记录。

(3)标准与技术发展科每年年终负责对客户满意度调查情况进行汇总、统计,作为本中心内部审核的输入。由下式计算客户满意度:

$$客户满意度 = \frac{返回的客户调查表总数 - 不满意客户数}{返回的客户调查表总数} \times 100\% \tag{8.1}$$

当客户满意度调查统计分值低于 90 分时,应及时提请质量负责人按 SHWGCLAB-PD15-18《内部审核管理程序》进行内部附加审核。

8.1.4.6 分析与改进

(1)应对收集的各种信息及回收的 SHWGCLAB-RD09-01《客户满意度调查表》进行汇总、分析,确定客户对中心"检测"服务的满意程度,客户新的需求和期望及中心需改进的方面,得出定性或定量(如:在某些方面的不足及改进的要求)的结果。

(2)当定性分析未达到预期目的或定量数据接近或低于控制下限时,应采用因果图或排列图寻找主要原因,同时发出 SHWGCLAB-RD11-02《不符合工作通知单》或 SHWGCLAB-RD12-01《不符合项纠正措施表》给责任部门,采取相应的纠正、预防措施,并监督检查其实施效果。

8.1.4.7 客户档案的建立

样品管理员应对各类用户建立档案,记录其通信联络方式和其他信息等,以便了解其服务需求,及时做好新的服务准备。

8.1.5 相关文件

SHWGCLAB-PD02-18《保护客户机密信息和技术所有权》;

SHWGCLAB-PD10-18《处理投诉程序》;

SHWGCLAB-PD15-18《内部审核管理程序》。

8.1.6 质量记录

SHWGCLAB-RD06-02《客户委托单(仪器提取凭证)》;

SHWGCLAB-RD09-01《客户满意度调查表》;

SHWGCLAB-RD11-02《不符合工作通知单》;

SHWGCLAB-RD12-01《不符合项纠正措施表》。

8.1.7 文件修改记录

修订说明	修订页数	修订日期	批准

客户满意度调查表

文件编号：SHWGCLAB-RD09-01

日期：

调查项目/评价结果	满意	一般	不满意	改进建议
员工服务热忱度与效率				
问询回复速度				
承诺完成情况（时效性等）				
证书/报告准确性				
妥善解决客户困难				
是否投诉：无□ 有□ 投诉处理情况				
约定事项有变化时实现沟通				
倾听客户意见，落实客户合理建议				
其他对本中心的意见和建议				

单位：

姓名：

电话：

8.2 检定/校准和检测工作管理程序(SHWGCLAB-PD31-18)

8.2.1 目的

为规范现场检测工作，确保现场工作人身、设备安全，保证现场检测数据和结果的有效性。规范本中心检定/校准和检测工作的实施过程，为客户提供准确、可靠的检定/校准和检测服务（本程序中"检测"包括检定/校准和检测）。

8.2.2 适用范围

适用于本中心开展的"检测"工作的申请受理、计划、审批、实施、质量监督及资料和档案的管理。

8.2.3 职责

(1)中心主任决定是否受理"检测"任务。

(2)中心副主任负责编制年度"检测"工作计划,并根据计划组织开展"检测";对"检测"的实施情况进行统计。

(3)样品管理员负责"检测"合同的签订、仪器(物品)收发、"检测"任务通知书的下达及证书(报告)的登记、发放。

(4)实验室负责人负责组织"检测"工作的实施,编制"检测"方案,确定"检测"计划的主负责人。

(5)"检测"计划的主负责人负责"检测"全过程的实施和质量控制。

(6)标准与技术发展科负责"检测"过程中的质量监督管理。

8.2.4 工作程序

8.2.4.1 "检测"前准备工作

(1)合同评审

在受理和开展"检测"工作前,实验室要与客户保持有效的联系和沟通,明确和满足客户的要求,按照本中心的 SHWGCLAB-PD06-18《合同评审控制程序》文件的要求进行合同评审。

(2)工作计划

中心副主任负责编制年度"检测"工作计划,并根据计划组织开展"检测";对"检测"的实施情况进行统计,并负责建立"检测"档案或数据库。如果是强制检定任务,还应该按要求向上级相关部门上报强制检定实施情况等资料。

(3)样品管理

样品管理员按 SHWGCLAB-PD29-18《检定/校准和检测仪器(物品)管理程序》文件的要求接收仪器(物品),确认仪器(物品)外观完好和随机技术文件完整,对于装箱送"检测"的仪器(物品)要开箱检查。

(4)"检测"方案制定

①样品管理员向实验室下达"检测"任务通知书,实验室负责人根据"检测"任务通知书的要求和被"检测"仪器(物品)的安装、操作、使用说明书,明确"检测"技术要求,依据相关计量检定规程、校准规范、校准方案或方法,编制"检测"方案。

②"检测"方案或方法按 SHWGCLAB-PD21-18《检定/校准和检测方法及方法证实程序》的规定进行评审和确认,经客户确认、技术负责人审定后方可实施。

8.2.4.2 "检测"的实施

(1)实验室负责人按任务通知单要求确定"检测"计划的主负责人或参加人,由主负责人或参加人到收发室领取仪器(物品),进行"检测"工作,并执行 SHWGCLAB-PD29-18《检定/校准和检测仪器(物品)管理程序》。

(2)按照 SHWGCLAB-PD18-18《环境控制程序》严格监控环境条件,使之符合技术依据的要求,并做好记录。

(3)"检测"人员按照"检测"任务规定的项目对应的作业指导书进行作业,并按 SHWG-

CLAB-PD05-18《计算机数据保护与软件管理程序》和 SHWGCLAB-PD30-18《检定/校准和检测结果的质量保证控制程序》文件的要求进行数据采集、记录、处理和核验。

(4)确认"检测"数据正确有效时,"检测"人员按 SHWGCLAB-PD33-18《检定/校准证书和检测报告管理程序》文件的要求出具检定/校准证书、检测报告或检定结果通知书。

(5)"检测"人员按 SHWGCLAB-PD33-18《检定/校准证书和检测报告管理程序》文件的要求完成证书或报告中的检定员、核验员和授权签字人签字。

(6)签字后的证书或报告送收发室,由样品管理员按 SHWGCLAB-PD33-18《检定/校准证书和检测报告管理程序》文件要求盖章后,证书原件发放给客户。

8.2.4.3 仪器(物品)的收发

(1)样品管理员按 SHWGCLAB-PD29-18《检定/校准和检测仪器(物品)管理程序》的规定进行仪器(物品)的发放,并予以记录。

(2)仪器收发过程中严格按 SHWGCLAB-PD02-18《保护客户机密信息和所有权控制程序》执行保密工作。

8.2.4.4 资料的管理和归档

证书或报告电子版与原始数据等由实验室进行管理和归档,仪器(物品)的合同、登记资料由样品管理员进行管理和归档,并执行 SHWGCLAB-PD34-18《资料及其归档管理程序》。

8.2.4.5 "检测"质量控制

(1)实施前的质量控制

①用于"检测"工作的方案必须严格按照 SHWGCLAB-PD21-18《检定/校准和检测方法及方法证实程序》和 SHWGCLAB-PD04-18《文件控制程序》的规定进行确认和批准后方可使用,方案可能是本中心的作业指导书,也可能是专项的校准方案等技术文件。

②检定方案必须是对应有效的检定规程,也可以是本中心管理体系中的已经批准的作业指导书。

③校准方案必须是对应有效的校准规范,也可以是参照对应的检定规程或标准,并结合客户的要求制定。

④检测方案一般是参照对应的检定规程、校准规范或标准,并结合客户的要求制定。

⑤用于"检测"的计量器具必须在其检定或校准有效期内,其性能和状态满足要求,计算机软件必须功能正常,满足 SHWGCLAB-PD05-18《计算机数据保护与软件管理程序》要求,并填写 SHWGCLAB-RD24-02《设备运行记录》。

⑥质量监督员按照 SHWGCLAB-PD24-18《仪器设备管理程序》的要求定期或不定期地监督、检查实验室计量标准和测量设备的维护和使用情况。

⑦质量监督员按照 SHWGCLAB-PD25-18《测量可溯源程序》文件要求定期或不定期地监督、检查实验室的计量标准和测量设备的检定或校准以及期间核查和参加实验室比对或能力验证的计划和落实情况,并填写 SHWGCLAB-RD31-01《计量器具送检/校计划及执行情况监督抽查记录》和 SHWGCLAB-RD31-02《标准装置期间核查计划及执行情况监督抽查记录》。

(2)实施期间的质量控制

①"检测"操作人员至少 2 名,其中 1 名为操作记录,另 1 名为核验,"检测"人员经考核合格,持证上岗。

②质量监督员对"检测"工作进行全程监督,并做好 SHWGCLAB-RD31-03《检定/校准和检测工作现场监督记录》。

③"检测"的原始记录和数据处理按 SHWGCLAB-PD23-18《数据控制程序》文件规定的方法执行。

④检测的证书、结果通知书或报告生成按 SHWGCLAB-PD33-18《检定/校准证书和检测报告管理程序》文件规定的方法执行。

⑤标准与技术发展科不定期地对"检测"实施过程情况进行检查。

(3)异常情况处置

①当出现设备故障、突然停电、火灾事故等异常情况或突然的外界干扰时,"检测"人员要立即终止"检测"工作,并按操作程序对测量设备和其他设施进行处理。

②"检测"人员要判断和评价异常情况对"检测"过程和"检测"结果带来的影响,确定情况正常后是否继续"检测"或重新开始"检测"。

③对因异常情况给测量设备、送检仪器(物品)等造成损坏的事故,"检测"人员要及时向实验室负责人报告,实验室负责人按照相关规定逐级上报,直至中心领导。

④质量事故发生后,要由发生事故实验室的负责人或技术负责人召集有关人员参加事故分析会,分析事故发生的原因、事故造成的危害、减少损失的措施及应吸取的经验教训,要提出事故处理意见,并填写 SHWGCLAB-RD31-05《检定/校准和检测工作质量事故分析会议记录》。

(4)实施后的质量控制

①质量负责人组织内审员不定期地对"检测"记录、证书或报告等资料进行监督抽查。

②技术负责人不定期地对"检测"结果进行监督抽查。

③质量监督员定期(6个月)对归档的"检测"的记录、证书或报告等资料进行监督抽查,每次抽查率不少于未抽查资料的20%,并填写 SHWGCLAB-RD31-04《检定/校准和检测证书和报告质量监督抽查记录》。

④对于监督抽查不符合(合格)的数据、证书或报告等资料,要求对其进行评审,必要时启动相应的纠正措施,进行特殊内部审查。

(5)合格率计算

每年度管理评审前,由标准与技术发展科按监督抽查结果计算本中心总体目标中的出具证书或报告的合格率,计算公式为:

$$合格率 = \frac{抽查总数 - 不合格总数}{抽查总数} \times 100\% \tag{8.2}$$

8.2.5 相关文件

SHWGCLAB-PD02-18《保护客户机密信息和所有权控制程序》;
SHWGCLAB-PD04-18《文件控制程序》;
SHWGCLAB-PD05-18《计算机数据保护及软件管理程序》;
SHWGCLAB-PD06-18《合同评审控制程序》;
SHWGCLAB-PD18-18《环境控制程序》;
SHWGCLAB-PD21-18《检定/校准和检测方法及方法证实程序》;
SHWGCLAB-PD23-18《数据控制程序》;

SHWGCLAB-PD24-18《仪器设备管理程序》；
SHWGCLAB-PD25-18《测量可溯源程序》；
SHWGCLAB-PD29-18《检定/校准和检测仪器（物品）管理程序》；
SHWGCLAB-PD30-18《检定/校准和检测结果的质量保证控制程序》；
SHWGCLAB-PD33-18《检定/校准证书和检测报告管理程序》；
SHWGCLAB-PD34-18《资料及其归档管理程序》。

8.2.6 质量记录

SHWGCLAB-RD24-02《设备运行记录》；
SHWGCLAB-RD31-01《计量器具送检/校计划及执行情况监督抽查记录》；
SHWGCLAB-RD31-02《标准装置期间核查计划及执行情况监督抽查记录》；
SHWGCLAB-RD31-03《检定/校准和检测工作现场监督记录》；
SHWGCLAB-RD31-04《检定/校准和检测证书和报告质量监督抽查记录》；
SHWGCLAB-RD31-05《检定/校准和检测工作质量事故分析会议记录》。

8.2.7 文件修改记录

修订说明	修订页数	修订日期	批准

计量器具送检/校计划及执行情况监督抽查记录

文件编号：SHWGCLAB-RD31-01

计量器具名称			
送检/校机构名称			
应抽查计量器具数量		实际抽查计量器具数量	
监督抽查情况： 1. 送检/校机构是否通过资质审（复）核：○是　○否 2. 计量器具是否有送检/校计划：○是　○否 3. 计量器具是否按计划送检/校：○是　○否 4. 计量器具送检/校资料是否按时归档：○是　○否			
监督抽查结果及建议：			
质量监督员： 日期：	被查确认		

标准装置期间核查计划及执行情况监督抽查记录

文件编号：SHWGCLAB-RD31-02

标准装置名称	
证书或报告的有效期	年 月 日至　　年 月 日
监督抽查情况：	
监督抽查结果及建议：	
质量监督员： 日期：	被查确认

检定/校准和检测工作现场监督记录

文件编号：SHWGCLAB-RD31-03

仪器名称及编号	
监督情况： 1. 使用的方法/方案合法：○是　○否 2. 使用的计量器具合格：○是　○否 3. 仪器安装和连接符合要求：○是　○否 4. 环境条件合格：○是　○否 5. "检测"人员持证操作：○是　○否 6. "检测"人员按技术文件的要求操作：○是　○否	
监督结果及建议：	
质量监督员： 日期：	被查确认

检定/校准证书和检测报告质量监督抽查记录

文件编号：SHWGCLAB-RD31-04

证书或报告名称及编号	
监督情况： 1. 现场监督结果是否与资料一致：○是　○否 2. 证书或报告是否按相关规定出具：○是　○否 3. 记录是否符合相关规定的要求：○是　○否	
监督结果及建议：	
质量监督员： 日期：	被查确认

检定/校准和检测工作质量事故分析会议记录

文件编号：SHWGCLAB-RD31-05

会议地点	
会议时间	
主持人	
记录人	
参加人员	
内容： 1. 事故发生时间： 2. 事故发生地点： 3. 事故发生时在岗人员： 4. 事故描述： 5. 事故分析： 6. 结论及处理意见：	
技术负责人： 日期：	实验室负责人： 日期：

8.3 现场检定/校准和检测工作管理程序(SHWGCLAB-PD32-18)

8.3.1 目的

为规范现场检定/校准和检测工作,确保现场工作人身、设备安全,保证现场检定/校准和检测数据和结果的有效性(本程序中"检测"包括检定/校准和检测)。

8.3.2 范围

适用于从事现场"检测"工作的控制。

8.3.3 职责

8.3.3.1 实验室负责人

(1)组织"检测"人员按照技术标准实施"检测"工作。
(2)针对特定的"检测"活动制定专门的作业指导书。

8.3.3.2 现场责任人

(1)制定现场"检测"实施方案。
(2)负责现场工作流程组织管理,并对"检测"结果的质量负责。
(3)确认现场"检测"设备、环境条件满足要求并对"检测"数据和结果的有效性进行监控。
(4)负责现场"检测"过程的安全监护。
(5)负责组织现场"检测"记录、报告的归档。

8.3.3.3 "检测"人员

(1)执行现场"检测"操作。
(2)记录"检测"设备、"检测"环境监控及"检测"过程的相关数据。
(3)设备管理员负责记录仪器设备离开本部门和返回本部门的检查状况。

8.3.4 工作程序

8.3.4.1 提前做好准备工作

(1)作业文件

实验室应明确规定在非固定场所实施"检测"活动的能力范围。必要时,实验室应针对特定的"检测"活动制定专门的作业指导书。作业指导书中应至少包含以下内容:
①非固定场所"检测"活动需要使用的设备及其操作方法;
②对非固定场所的设施和环境条件要求;
③非固定场所"检测"活动的"检测"方法及补充规定;
④对非固定场所获得的"检测"活动的记录、处理和偏离的要求(应包括防止未经授权修改数据的措施);

(2)服务确认

当"检测"实验室接到客户的在非固定场所"检测"要求时,应充分了解相关信息,如客户的设施、环境条件等是否满足非固定场所"检测"活动的要求等,确认是否可提供该非固定场所"检测"服务;如需要客户提供"检测"辅助设备,应在合同中约定,并保存相关记录。根据客户要求制定的现场"检测"实施方案应得到客户确认。

(3)环境要求

①非固定场所"检测"的设施和场地条件,应满足"检测"方法和仪器设备的要求。

②应对可能影响非固定场所"检测"结果的环境参数予以记录。

③在非固定场所"检测"多个参数时应注意避免项目之间的相互干扰。

④当人员的活动、行为影响"检测"范围内的环境条件并可能导致"检测"结果无效时,应对进入现场的人员做出限制规定。

⑤实验室负责人在制定"检测"实施方案时,应根据所用仪器设备的使用条件和对被测对象的测量要求制定出现场"检测"时的极限环境限制条件和条件保障。如:

人员和设备的安全保障;

供气通风与气压条件;

温湿度条件;

光线干扰;

噪声、震动和电磁场干扰;

其他特殊条件和保障。

⑥对有条件要求和限制的"检测"活动,在进行现场"检测"工作时,现场责任人应组织配带相应的监测设备。现场使用的"检测"设备应符合 SHWGCLAB-PD25-18《测量可溯源程序》和 SHWGCLAB-PD24-18《仪器设备管理程序》的要求。

⑦开展现场"检测"时,现场责任人应组织携带工作所需的全部"检测"仪器设备和环境监测设备。现场"检测"设备的准确度等级应符合相应项目的"检测"技术标准要求。

(4)"检测"方法及方法确认

①实验室应确保非固定场所"检测"人员能够获取并充分掌握非固定场所"检测"活动相关的程序文件、作业指导书、方法标准、手册、参考资料,并能及时得到更新的版本和其他的技术支持。

②对在非固定场所实施的"检测"方法或对其偏离的验证或确认,都应在相应的"检测"环境的条件下进行。

③适用时,应采用适当的方法评估方法的测量不确定度,且要充分考虑到在非固定场所实施"检测"的环境条件。如果不适合评估测量不确定度,实验室应证明经验证的方法性能指标在标准方法规定的范围内。

(5)设备管理

① 非固定场所"检测"设备的使用和管理执行 SHWGCLAB-PD24-18《仪器设备管理程序》,包括运输、安装、操作、维护、存储、校准、期间核查等要求。以确保其功能正常并防止污染或性能退化。

②"检测"人员按照工作要求准备"检测"设备,确保所用设备符合技术标准要求,其溯源性符合 SHWGCLAB-PD25-18《测量可溯源程序》,办理设备借出手续,填写 SHWGCLAB-RD32-01《仪器设备借出/归还登记卡》,确认其工作状态正常。

③在非固定场所实施"检测"前后应对设备的校准状态和功能进行适当的核查,以确认校

准状态和在用设备的适宜性。如果在现场不具备核查条件,要保证在"检测"前后在实验室进行核查。对移动比较敏感的设备,应在"检测"前进行核查。如果发现设备不适合继续使用,应立即停止使用,加贴明显停用标记,实验室应检查缺陷或偏离对以前"检测"结果的影响,同时启动 SHWGCLAB-PD11-18《不符合工作的控制程序》。

④如果实验室使用借用或租用设备,实验室应记录和保存借用或租借设备的校准证书和其他相关的详细信息。每次使用前须进行核查,以确保技术标准满足要求。

⑤现场责任人应认真组织设备运输,注意设备防震、防雨,确保安全运达现场。协调临时保管场所,确保设备安全。应详细记录现场校准用标准设备的任何调整和可能导致其损坏或故障的偶然事件。

(6)测量溯源性

①当有必要利用标准装置时,应采取足够的措施确保标准在运输过程中以及非固定场所条件下保持稳定的校准状态。应了解标准装置对环境变化或其他相关参数变化的反应和如何有效避免和减轻这些变化及其反应的适当措施,且要形成文件。

②应在适宜的环境条件下保存标准装置,以确保处置、运输、存储过程中校准状态有效。

(7)人员安排

①参加现场"检测"的人员必须经过专门的培训,熟悉"检测"设备的工作原理、使用方法,能够独立完成"检测"设备的正确使用和安全使用,按照 SHWGCLAB-PD17-18《人员培训与考核程序》规定,经考试合格,能够适应不同的现场工作情况,具有熟练的现场作业技能,包括测量标准的包装、运输要求,现场校准工作条件的确认等。

②实验室应明确规定在非固定场所实施"检测"活动有关的全部人员(包括辅助人员)的职责、权力和相互关系,识别潜在利益冲突。

③应对在非固定场所实施"检测"活动的人员进行充分的监督。新上岗人员实习期间须在实验室有经验和有能力的正式签约人员的陪同下方可从事现场"检测"活动。

④当现场校准需要由客户人员或其他非实验室人员协助完成时,应对这些协助人员参与现场校准的具体活动范围予以规定,并在实施前,对其进行必要的培训。

(8)抽样管理

①实验室应制定非固定场所检测抽样的程序,以确保检测结果的有效性。

②适用时,实验室应对抽样的仪器(物品)进行必要的评估,应考虑抽样对原仪器(物品)的影响,采取相应的预防措施避免危险发生。必要时,对抽样人员进行相应的培训。

(9)"检测"仪器(物品)的管理

①实验室的"检测"仪器(物品)的标识系统应包含对非固定场所"检测"活动的要求。

②实验室应采取适当的措施防止非固定场所"检测"仪器(物品)在存储、处置、运输和准备过程中发生损坏或混淆。

③"检测"开始前应对非固定场所抽取的仪器(物品)进行检查,当发现或怀疑仪器(物品)出现异常时,应进行重新抽样。不能重新抽样时,应在"检测"记录和报告中对仪器(物品)状态予以描述,可能时,应分析仪器(物品)的损坏或污染等对"检测"结果的影响。

(10)"检测"结果质量的保证

①实验室的质量控制程序应包含非固定场所"检测"活动的内容。

②适用时,应开展现场空白试验、现场平行试验、仪器(物品)加标回收试验、非固定场所仪

器比对试验、非固定场所与实验室固定场所间"检测"结果的比对试验、能力验证等,并纳入实验室质量控制计划中。

8.3.4.2 项目启动

(1)确认任务

从事现场工作的部门及人员要对现场工作任务进行如下确认:

工作地点;

工作范围、内容及技术质量要求;

工作起止时间;

现场责任人和工作组人员。

任何部门和人员不得从事未经确认的现场工作。

(2)确保人身和设备安全

①"检测"人员到达现场后,应分析存在的危险点并采取相应的预控措施。

②现场责任人根据工作内容对"检测"人员进行安全及技术交底,现场工作人员应配带安全防护用具,落实安全防护措施。

③现场"检测"人员要执行客户单位的安全管理规定。

④带入现场使用的仪器设备必须配有防漏电插销板和电源电压检测仪表,必要时还应配有防水、防尘护罩及防震措施等。

⑤"检测"区域须用明显标识实施隔离,防止无关人员进入"检测"区域。

⑥现场实施"检测"工作时,至少由两人完成,一人操作记录,一人监护。

(3)"检测"前设备核查

"检测"人员在进行现场"检测"工作前应对所用设备进行核查,填写 SHWGCLAB-RD24-02《设备运行记录》,确保设备性能正常,如发现设备异常应立即汇报并采取措施,确保现场工作按时完成。

8.3.4.3 现场工作

(1)现场责任人在确认"检测"条件已满足要求后,即可实施现场"检测"。

(2)"检测"人员按照技术标准、作业指导书要求开展"检测"工作,认真记录"检测"过程及"检测"数据。

(3)"检测"中,"检测"人员应注意观察设备的工作情况,如发现异常,应立即停止"检测",查明原因,排除故障,确保设备正常后,方可继续"检测",直至完成全部"检测"项目。

(4)"检测"中"检测"人员应注意观测和记录环境条件的变化情况。当环境监测显示环境条件达不到"检测"要求时,应停止"检测",并报告现场责任人,查明原因,采取措施,直至环境条件满足要求后再继续工作。对不能间断的"检测"活动的"检测"数据应宣布无效。

(5)对难以控制的环境条件,"检测"活动应考虑在时间和地域上实施隔离,以保证检验结果的有效性。如经过努力环境条件仍达不到要求,现场责任人应与客户协商是否继续"检测"或考虑由此引起的不确定度的变化。

(6)在"检测"过程中有关"检测"人员要相互监督,特别是对操作员的监督,严禁电压回路短路、电流回路开路和其他不良行为的发生,并做好 SHWGCLAB-RD31-03《检定/校准和检测工作现场监督记录》。

(7)被"检测"设备经确认存在异常,应书面报告客户,并提出整改建议。

(8)记录控制

①应制定记录和报告非固定场所"检测"活动结果的程序。实时的观察、数据计算、数据传输和核查等记录均应附有时间的信息及人员的标识。应注意记录载体的适用性和安全性,避免雨水、潮湿、喷溅等环境因素的损坏。

②应制定确保在非固定场所获取数据及相关信息的原始性、安全性、保密性的程序。如果不能保证数据及相关信息被带回实验室后导出的完整性,应在现场导出数据及相关信息。

③对于含有有毒有害成分的仪器(物品),接收记录中应至少包括数量以及危害性信息的描述。

8.3.4.4 工作结束

(1)"检测"工作完成后,办理工作终结手续。

(2)"检测"工作完成后,"检测"人员应再次确认"检测"设备状态和环境条件状况,如符合规定要求,表明本次"检测"数据有效;如发现问题,应及时查找原因,确定是否重新安排"检测"。

(3)现场"检测"结果应及时处理,数据出现偏离时应即时告知客户,必要时采取补救措施。

(4)整理现场"检测"资料,清理"检测"场地;

(5)设备安全返回后在办理设备归还手续前应再次检查其工作状态,并填写 SHWG-CLAB-RD32-01《仪器设备借出/归还登记卡》。

8.3.4.5 结果报告

(1)工作完成后现场责任人应及时编写技术报告。"检测"活动中获得结果的部分或全部信息,应当纳入报告的内容。

(2)除 CNAS-CL01:2018 7.8 条款规定的信息外,报告应包含所有在非固定场所开展"检测"活动的相关信息,如实施检测活动的地点等。现场校准的地点不应使用"客户现场"等模糊的描述,只要可能,应具体到实施现场校准的建筑物、房间的名称或编号,以实现对该现场校准活动的可追溯性。

8.3.5 相关程序

SHWGCLAB-PD11-18《不符合工作的控制程序》;
SHWGCLAB-PD17-18《人员培训与考核程序》;
SHWGCLAB-PD24-18《仪器设备管理程序》;
SHWGCLAB-PD25-18《测量可溯源程序》。

8.3.6 质量记录

SHWGCLAB-RD24-02《设备运行记录》;
SHWGCLAB-RD31-03《检定/校准和检测工作现场监督记录》;
SHWGCLAB-RD32-01《仪器设备借出/归还登记卡》。

8.3.7 文件修改记录

修订说明	修订页数	修订日期	批准

仪器设备借出/归还登记卡

文件编号：SHWGCLAB-RD32-01

设备名称	型号	设备编号	是否附有说明书	设备状况	借出/归还人签字	保管人签字	借出/归还日期

实验室负责人签字： 日期：

8.4 合同评审控制程序(SHWGCLAB-PD06-18)

8.4.1 目的

正确理解和圆满完成客户提出的检测服务要求，确保检定、校准和检测项目合法有效(本程序中"检测"包括检定/校准和检测)。

8.4.2 范围

适用于本中心所有"检测"服务合同的签订与评审。

8.4.3 职责

(1)实验室负责人提出合同的讨论稿。
(2)技术负责人组织合同评审。
(3)中心主任(中心副主任)审批。
(4)业务科负责接待。

8.4.4 工作程序

8.4.4.1 合同的形式

(1)通常情况下，仪器(物品)的"检测"合同以质检中心的 SHWGCLAB-RD06-02《客户委托单(仪器提取凭证)》为准。

(2)特别情况或有特殊要求的,应根据客户的要求另立合同。

(3)使用非标准方法时,实验室负责人应与客户签订一份委托校准/检测合同,合同的内容应包括合同书文本、合同附带的校准和检测方法、校准和检测结果的判定、报告形式、报告数量等。

8.4.4.2 合同的内容

合同的内容至少应包括：
(1)被"检测"仪器(物品)的名称、型号、数量、不确定度、准确度等级或最大允许误差。
(2)"检测"的项目和范围。
(3)完成"检测"的时间和费用。
(4)双方的权利和义务。
(5)当接受现场校准请求时,还应包括客户现场的设施、校准条件、环境条件等是否满足现场校准的要求等,确认是否可提供该现场校准服务。

8.4.4.3 合同的评审

(1)常规/例行"检测"合同,在客户委托"检测"时由样品管理员负责接待/洽谈要求并填写 SHWGCLAB-RD06-02《客户委托单(仪器提取凭证)》,双方签字或盖章确认即视为合同评审。

(2)特殊要求的合同正式签订前必须对其内容进行评审,并填写 SHWGCLAB-RD06-01《合同评审记录表》。

(3)合同评审工作由技术负责人主持,标准与技术发展科和相关实验室参加。

(4)评审内容主要针对客户要求,以及我中心的资源能力,包括适用的"检测"计量标准和方法。

(5)相关实验室根据评审意见形成执行文件报中心主任或中心副主任审批签字后,下发仪器收发室,执行 SHWGCLAB-PD29-18 检定/校准和检测仪器(物品)管理程序。

(6)对于分包的所有工作也要经过评审。

8.4.4.4 合同的修订

(1)合同经评审后需要对合同进行调整时,经双方协商同意后,可对合同进行修改。
(2)对修订后的合同,重复评审程序,再由中心主任(中心副主任)审批。
(3)若评审结果与客户意见发生偏离或需修改,则重复评审程序,并及时告知客户。
(4)对合同理解上的任何差异都应在实施之前加以解决。
(5)评审记录(包括任何更改记录以及在合同执行期间,与客户进行的关于客户要求或工作结果的相关讨论的记录)由实验室负责归档保存,保存期6年。

8.4.5 质量记录

SHWGCLAB-RD06-01《合同评审记录表》；
SHWGCLAB-RD06-02《客户委托单(仪器提取凭证)》。

8.4.6 文件修改记录

修订说明	修订页数	修订日期	批准

合同评审记录表

文件编号:SHWGCLAB-RD06-01

会议主持人		会议日期	
参加人员			
议题			

对合同的评审意见:

技术负责人意见:

签名: 日期:

中心主任(中心副主任)意见:

签名: 日期:

中国气象局上海物资管理处
气象装备质量监督检验中心

SHWGCLAB-RD06-02

客户委托单（仪器提取凭证）

编号：_____

客户信息	委托单位全称：	委托方联系人：	手机（便于短信通知）：
	证书单位全称：	委托方单位地址：	联系电话：

序号	仪器设备名称	型号规格	准确度等级	测量范围（检测项目/参数）	出厂编号	制造厂	数量	服务类型			服务方式		
								检测	校准	其他	常规	现场	加急
1													
2													
3													
4													
5													
6													

客户须知	一、请委托人准确、清楚提出检测要求，注明联系方式；二、除非委托人明示特殊要求，否则将按照现行有效的方法进行检测和校准；三、接样人员仅对所接收的仪器和附件进行初步检查与核对，内在完好性将送往实验室做最终检查；四、委托人应如应告之仪器的工作电压、瓶装、隐患和安全操作注意事项；五、无论数量，检定是否合格，委托人均应按时足额交纳费用，否则无法提取仪器和测试报告；六、委托人应凭"客户委托单"提取仪器时请仔细核对细数量、附件、检查外观，确认后签字；七、检完仪器免费保管30天，逾期将收取保管费。
仪器发放方式	□ 自取 □ 快递 注：所有邮寄项目，邮寄产生包装以及其他费用均由委托方自理，邮寄过程中出现丢失、损坏等意外情况，责任由委托单位自行承担责任。
证书发放方式	□ 自取 □ 快递

开票单位名称：	税务登记号：
开户银行：	电话：
收款单位：	账号：

请客户或代理人对以上全部信息确认后签字：	合同评审人/日期：
实验室电话：	财务收发电话：	单位地址：
实施日期：		邮编：
	仪器领取人签字及领取日期：	第1页 共1页

8.5 评审新工作程序(SHWGCLAB-PD20-18)

8.5.1 目的

为确保本中心开展新的检定、校准或检测项目有足够的能力和资源,并符合有关规定的要求(本程序中"检测"包括检定/校准和检测)。

8.5.2 范围

适用于本中心开展新"检测"项目的控制。

8.5.3 职责

(1)中心主任负责对新项目进行审批。
(2)技术负责人组织对新项目进行评审。
(3)项目负责人负责新项目所须仪器设备、设施和环境条件的配置
(4)标准与技术发展科负责对新项目实施过程的监督检查。
(5)实验室负责人组织开展新项目的立项申请、实施、作业指导书编写以及相关资料档案的管理。

8.5.4 工作程序

8.5.4.1 新项目的申请、评审、立项

(1)实验室负责人根据本中心工作需要或客户的要求,结合现有仪器设备配置情况,拟定本室需开展的新"检测"项目及更新改造的项目,填写 SHWGCLAB-RD20-01《新项目申请表》,报技术负责人审阅。

(2)技术负责人组织有关人员对申报项目的先进性、符合性和可行性进行评审,必要时可派人进行调研,在充分分析、论证的基础上,确定新开展的"检测"项目,填写 SHWGCLAB-RD20-02《新项目评审表》,报中心主任批准后实施。

8.5.4.2 新项目的实施

(1)技术负责人指定项目负责人负责熟悉该项目的检定规程或校准规范/检测方法,在充分理解分析的基础上,编制"检测"方法以及作业指导书,并按 SHWGCLAB-PD21-18《检定/校准和检测方法及方法证实程序》文件的要求进行确认。

(2)项目负责人根据检定规程或校准规范/检测方法中规定的"检测"项目,配备必要的满足要求的设施、环境条件、"检测"设备及所需的人员;预测经济、社会效益情况,写出总结报告提交技术负责人审批。

(3)实验室负责人落实开展新工作项目所需的设施和环境条件,并组织配置满足要求准确度等级的仪器设备。

(4)仪器设备、环境条件及设施要经过必要的验收,符合规定的要求。

(5)"检测"人员要经过培训和考核,达到规定的要求。

8.5.4.3 新项目的考核、批准使用

（1）项目负责人负责编制原始记录表格和确定"检测"格式和信息量。

（2）准备"检测"仪器（物品）。

（3）按检定规程或校准规范的要求进行试验性"检测"并记录、数据处理、出具"检测"证书。

（4）由技术负责人组织有关人员对照检定规程或校准规范的要求，对"检测"过程和结果进行符合性验证、评审，并将评审结果 SHWGCLAB-RD20-03《新项目验收表》报中心主任审批。标准与技术发展科负责对新项目实施过程的监督检查。

（5）若"检测"结果完全符合检定规程或校准规范的要求，新"检测"项目可以试运行，待条件成熟后由技术负责人组织考核，报中心主任批准后，正式开展此项目"检测"工作。

（6）若新项目的仪器设备属计量标准，须向政府计量行政部门申请建标，经考核合格，取得计量标准考核证书后，才能正式投入使用。

8.5.4.4 资料管理和归档

开展新项目工作的相关记录由实验室按 SHWGCLAB-PD33-18《资料及其归档管理程序》文件的要求进行管理和归档。

8.5.5 相关文件

SHWGCLAB-PD21-18《检定/校准和检测方法及方法证实程序》；

SHWGCLAB-PD33-18《资料及其归档管理程序》。

8.5.6 质量记录

SHWGCLAB-RD20-01《新项目申请表》；

SHWGCLAB-RD20-02《新项目评审表》；

SHWGCLAB-RD20-03《新项目验收表》。

8.5.7 文件修改记录

修订说明	修订页数	修订日期	批准

新项目申请表

文件编号：SHWGCLAB-RD20-01

新项目名称：				依据的技术文件：		
新项目工作内容及条件：				先进性及效益分析：		
所需仪器设备	名称	型号/规格	准确度	生产厂家	价格	附件
实验室负责人意见： 签名：　　　　日期：				技术负责人意见： 签名：　　　　日期：		

新项目评审表

文件编号：SHWGCLAB-RD20-02

项目名称	
项目组成员	
依据标准	
参加评审人员	
评审内容	
评审意见	日期：
技术负责人意见	签名：　　　　日期：
中心主任意见	签名：　　　　日期：

新项目验收表

文件编号：SHWGCLAB-RD20-03

项目名称				
项目组成员				
起始日期		完成日期		
经费预算		实际用款		
项目总结	项目负责人签名：　　　　　　日期：			
仪器设备验收	日期：	环境条件验收		日期：
人员验收	日期：	方法验收		日期：
技术负责人意见	签名：　　　　　　日期：			
中心主任意见	签名：　　　　　　日期：			

8.6 检定/校准和检测方法及方法确认程序(SHWGCLAB-PD21-18)

8.6.1 目的

为保证检定/校准和检测结果的正确性和有效性,确保检定/校准和检测方法现行有效,控制由于使用方法不当对检定/校准和检测构成不良影响(本程序中"检测"包括检定/校准和检测)。

8.6.2 范围

适用于本中心开展"检测"活动使用方法的选用和非标准方法的确认。

8.6.3 职责

8.6.3.1 实验室负责人

(1)提出本实验室"检测"执行的标准方法。
(2)收集非标准的校准和检测方法。
(3)组织制定自编方法。
(4)建立"检测"方法控制清单确保使用现行有效方法。

8.6.3.2 实验室资料管理员

(1)建立受控"检测"标准方法目录。
(2)收集保存非标准校准和检测方法。

8.6.3.3 技术负责人

(1)确认批准本中心使用的"检测"标准方法,组织非标准方法或自编方法的确认。
(2)批准非标准方法和作业指导文件。
(3)维护本程序的有效性。

8.6.4 工作程序

8.6.4.1 "检测"方法的选择

(1)标准方法分类
①标准方法
指标准化组织发布的方法,包括:
国内标准:由国内标准化组织或机构发布的标准。国家标准、行业标准和地方标准。
国际标准:由国际标准化组织发布的标准。如ISO等。
区域标准:由国际上区域标准化组织发布的标准。
国外标准:由国外标准化组织发布的标准。
②非标准方法
非标准方法包括知名技术组织、有关科学书籍和期刊公布的方法,设备制造商指定的方法等。

从方法确认的角度看,非标准方法广义上也可包括本中心制定的方法、扩充和修改过的标准方法。

(2)本中心选择方法的原则

①满足客户的需求。

②适用于所进行的"检测"。

③满足法律、法规、规章的要求。

以上条件应同时满足。对客户指定的方法应进行审查,如不适用,应向客户指明并重新选择方法。

(3)为减少风险,本中心检测首选标准方法;其次选择非标准方法。

(4)当客户指定的校准/检测的规范/标准和要求在认可的能力范围内时,本中心在接受委托校准和检测时无须再进行合同评审,只要与客户签立 SHWGCLAB-RD06-02《客户委托单(仪器提取凭证)》后,即可执行校准和检测任务。

(5)当客户委托校准和检测未指定方法时,应首选本中心认可能力范围内推荐的校准/检测方法,当不能满足要求时则应在8.6.4.1(1)节所列方法中推荐相应的方法,所推荐的方法应获得客户的书面同意。

(6)如客户指定使用企业标准或其他非标准方法,其知识产权由客户承担,并在接收仪器(物品)时向客户说明,并由其签字确认。

8.6.4.2 "检测"方法的收集和保存

(1)技术负责人组织和督查"检测"方法的查新和收集,以确保本中心使用的规程/规范和标准是最新有效版本,并执行 SHWGCLAB-PD04-18《文件控制程序》。

(2)实验室负责人负责本专业规程/规范和标准的查新工作和跟踪最新出版信息,定期(每6个月)提交 SHWGCLAB-RD21-01《规程/规范和标准查新报告》,对其有效性负责。标准与技术发展科根据各实验室的查新情况,及时进行规程/规范和标准的更新。

(3)如新标准较旧标准对"检测"资源配置和技术要求有较大变化时,技术负责人应对本中心执行新标准的能力进行证实,必要时执行 SHWGCLAB-PD20-18《评审新工作程序》。

8.6.4.3 "检测"作业指导书

(1)当所用规程/规范和标准存在理解、操作等困难时,实验室负责人组织各岗位"检测"人员编写"检测"细则或补充细则,以保证对"检测"工作实施的一致性。"检测"细则应形成正式的书面文件即作业指导书,经实验室负责人审核后,报技术负责人批准,由实验室资料档案管理员办理受控、编号手续,发放至所需工作岗位,保持该文件的现行有效并便于有关人员使用,执行 SHWGCLAB-PD04-18《文件控制程序》。当需要对"检测"细则进行调整或修改时,也应当履行审批手续。

(2)依据检定规程进行校准时,由于校准项目一般情况下不等同于检定项目,因此,必要时实验室应编制补充文件(如××校准作业指导书、××校准细则),对校准项目、校准方法(程序)、测量标准、原始记录格式等予以规定。

(3)本中心应对首次采用的校准/检测方法进行技术能力的验证,如检出限、正确度和精密度等。如果在验证过程中发现标准方法中未能详述但影响校准/检测结果的环节,应将详细操作步骤编制成作业指导书,作为标准方法的补充。当校准/检测标准发生变更涉及校准/检测方法原理、仪器设施、操作方法时,需要通过技术验证重新证明正确运用新标准的能力。

(4)本中心根据员工的技术素质、方法的充分性和操作的繁杂程度,识别对制定方法作业指导书的需求。作业指导书应包含以下内容:

校准/检测细则;
仪器设备的操作规程;
仪器(物品)的处置和制备;
作业规则;
计算机软件程序;
对照图/曲线/换算表;
不确定度评定规范;
数据计算和处理方法;
期间核查方法;
验证方法。

8.6.4.4 方法的证实

(1)在引入校准和检测之前,本中心应证实能够正确地运用所选择的标准方法。"检测"人员填写 SHWGCLAB-RD21-02《检定/校准和检测方法证实表》,技术负责人提出评价意见,报中心主任批准。如果标准方法发生了变化,应重新进行证实。本中心对标准方法的证实,应有相关的文件规定及其支持的文件记录。证实的内容涉及以下六方面的评价:

①对执行新标准所需的人力资源的评价,即校准和检测人员是否具备所需的技能及能力;必要时应进行人员培训,经考核后上岗。
②对现有设备适用性的评价,诸如是否具有所需的标准装置,必要时应予补充。
③对设施和环境条件的评价,必要时进行验证。
④对仪器(物品)制备,包括前处理、存放等各环节是否满足标准要求的评价。
⑤对作业指导书、原始记录、报告格式及其内容是否适应标准要求的评价。
⑥对新旧标准进行比较,尤其是差异分析与比对的评价。

(2)方法的证实可包括以前参加过的实验室间比对或能力验证的结果、为确定测量不确定度、检出限、置信限等而使用的已知值仪器(物品)或仪器(物品)所做过的试验性检测计划的结果。

8.6.4.5 本中心制定的方法

(1)当本中心需要自行制定校准和检测方法时,执行 SHWGCLAB-PD20-18《评审新工作程序》。由实验室负责人提出申请报技术负责人审批,指定项目负责人并配备具有足够资格的人员进行,在实施进程中如需对计划进行调整,项目负责人应报技术负责人批准,并确保所有有关人员之间的有效沟通。

(2)自行编制的方法以及更改后的方法应让所有的执行人员都知道,必要时应由技术负责人组织宣贯和培训。

8.6.4.6 非标准方法的制定

(1)为减少使用非标准方法带来的风险,向客户推荐的方法应首选认可范围内的方法,也可在8.6.4.1(1)所列的标准和方法中选择适当的方法。

(2)当上述方法不适用时,应当根据客户的要求自行编制校准和检测方法。方法的格式和内容应按JJF1071《国家计量校准规范编写规则》或参照8.6.4.1(1)列出的正式颁布的标准编制,至少包含以下内容:

①文件编号及版本号;

②适用范围;

③校准和检测方法所用的测量方法(或测量原理);

④被测定的量(或参数)及其测量范围;

⑤使用的测量标准及辅助设备的名称、主要技术性能要求。必要时可包含测量标准的溯源要求或途径等内容;

⑥对环境条件和工作条件的要求,如温度、电源等的要求;

⑦校准和检测的准备,如标准设备或被校/检设备开机预热的要求等;

⑧校准和检测程序的内容,包括:工作开始前对被校/检设备进行的正常性检查的要求及方法;校准和检测步骤以及操作方法;对观察结果和数据记录的要求;工作时遵循的安全措施;数据处理的要求和方法;需要时,包含对符合性判定、校准间隔确定的原则和方法;不确定度的评估方法或程序。

(3)使用非标准方法时,实验室负责人应召集有关校准和检测人员和质量监督员对合同的内容和校准/检测细节进行评审,执行SHWGCLAB-PD06-18《合同评审控制程序》。

8.6.4.7　方法的确认

(1)本中心要求对非标准方法、自行设计(制定)的方法、超出预期范围使用的标准方法、扩充和修改过的标准方法在经过确认并获得满足要求的结论后再投入使用。

(2)方法的确认应尽可能全面,以满足预定用途或应用领域的需要。应当记录确认所获得的结果、使用的确认程序以及该方法是否适合于预期用途的声明。需要时确认应包含抽样、仪器(物品)准备和运输储存等。

确认的记录应有以下内容:

①确认的校准和检测方法,包括设备、试剂、校准等详细信息。

②用于校准和检测方法性能特性的确认程序或计划的参考。

③方法性能特性的汇总,及这些特性的计算和定义,应提供原始数据。

④方法预期的用途。

⑤对有效性的声明。

⑥测量不确定度的评定。

(3)进行方法确认的人员必须有能力从事此领域工作,必须有与工作相关的足够知识,能够根据研究过程中的观察结果做出适宜的判断。方法的选择、制定和确认应由技术负责人负责组织、审批。

(4)确认应使用以下五种方法中的一种,或是其中几种方法的组合以通过核查并提供客观证据,证实某一特定预期用途的要求可得到满足:

①使用核查标准进行校准;

②与其他方法所得的结果进行比较;

③与其他实验室进行比对;

④对影响结果的因素作系统性评审；

⑤根据对方法的理论原理和实践经验的科学理解，依据方法试运作积累的数据对所得结果不确定度进行的评定。

(5)按照预期用途进行评价所确认的方法得到的值的范围和准确度应满足客户要求。这些值可包括：测量结果的不确定度；重复性限；复现性限、方法的选择性等。

(6)当设备、环境变化可能影响校准和检测结果或不满足制造商的要求时，当需要对非标准方法或自行设计的方法做改动时，应将改动的影响形成文件，必要时应做重新确认。任何变动和重新确认的方法均应经审核和授权批准后再投入使用。

8.6.4.8 方法的偏离

(1)当方法偏离时，执行 SHWGCLAB-PD35-18《例外允许偏离控制程序》。

(2)方法偏离发生后，实验室负责人应负责核查偏离后是否对检测结果造成影响。如发现问题应及时向技术负责人报告，本中心采取必要的补救措施。

(3)偏离是一个临时措施，在特定的情况下才能使用；如果需要长久偏离，可以通过修订方法(包括标准方法和非标准方法)，形成文件作为作业指导书使用。偏离的对象，可以包括已证实过的标准方法和已确认过的非标准方法。非标准方法经确认后可长期使用，或者在转化为标准方法前可以在一个时期内使用。

8.6.4.9 方法的变更

(1)当校准方法的版本号变更时(简称方法版本变更)，在测量仪器名称、校准参量、校准方法名称和代号、测量范围、扩展不确定度、限制范围不变的前提下，实验室在验证具备新方法规定的要求以及按新版方法实施校准的能力后，即可自行批准使用新方法，不需要向 CNAS 秘书处提交变更申请。

(2)当方法版本号导致认可能力范围变更时，按下表中的方式处理：

认可能力范围变更	实验室处置方式	CNAS 处置方式
情况 1：删减校准参数、缩小测量范围、降低扩展不确定度(扩展不确定度数值增大)或增加限制范围	实验室在验证具备新方法规定的要求以及按新版方法实施校准的能力后，即可自行批准使用新方法，并在启动新版校准方法后 20 个工作日向 CNAS 秘书处提交变更申请	直接公布能力范围
情况 2：测量仪器名称、校准方法名称、代号变更或提高扩展不确定度(扩展不确定度数值减小)	无论该项目是否存在情况 1 的变更，实验室应向 CNAS 秘书处提交变更申请，在认可批准后使用新版校准方法	确认后，公布能力范围
情况 3：增加校准参数、扩大测量范围或取消限制范围	只有该项目存在情况 3 的变更，实验室应向 CNAS 秘书处提交变更申请，在认可批准后使用新版校准方法	安排文审或现场评审

(3)当方法版本变更导致拆分或合并认可项目时，实验室应根据认可能力范围的变更情况，选择 8.6.4.7(1)～(2)的处理方式。

(4)本中心依据 CNAS-EL-11《校准方法的认可管理说明》，建立了 SHWGCLAB-RD21-03《检定/校准和检测方法控制清单》，对所用方法进行有效控制。当方法版本变更时，及时修订该清单,并填写 SHWGCLAB-RD04-01《内部文件申请表》。清单修订的历史记录由实验室长期保持并上交标准与技术发展科备案。当 CNAS 或其他相关方要求提供该清单时,实验室应能及时提供。清单中至少包括:

①方法的名称、代号(或文件编号),版本号(如发布年份、修订标识等类似信息);

②实验室自行批准使用方法的日期;

③清单的修订记录(包括变更方法、增加方法、撤销方法等)。

8.6.5 相关文件

SHWGCLAB-PD04-18《文件控制程序》;

SHWGCLAB-PD06-18《合同评审控制程序》;

SHWGCLAB-PD20-18《评审新工作程序》;

CNAS-EL-11《校准方法的认可管理说明》。

8.6.6 质量记录

SHWGCLAB-RD21-01《规程/规范和标准查新报告》;

SHWGCLAB-RD21-02《检定/校准和检测方法证实表》;

SHWGCLAB-RD21-03《在用现行有效的规程、规范和标准目录》;

SHWGCLAB-RD04-01《内部文件申请表》。

8.6.7 文件修改记录

修订说明	修订页数	修订日期	批准

规程/规范和标准查新报告

文件编号：SHWGCLAB-RD21-01

  质检中心通过经常性地查询国家质量监督检验检疫总局(http://www.aqsiq.gov.cn/)、标准网(http://www.standardcn.com/)、标准信息网(http://www.stdinfo.org.cn/)、中国标准查询网(www.bzcx.com)、中国标准在线服务网(http://www.bzcbs.com)、中国气象标准化网(http://www.cmastd.cn)等网站，同时与国内同行进行讨论交流、电话咨询，对本中心申请实验室认可、机构考核、资质认定的规程/规范和标准进行查新，以确保实验室在用规程/规范和标准均为现行有效版本。

规程/规范和标准查新结果

序号	标准名称	标准代号（含年号）	有效性	查新日期	备注

查询人：   审核人：

检定/校准和检测方法证实表

文件编号:SHWGCLAB-RD21-02

方法名称	
引用标准名称	
引用标准代号	
方法证实/评审内容	

序号	项目	
1	人员资质	
2	设施和环境条件	
3	仪器设备	
4	测量溯源性	
5	检测仪器(物品)处置	
6	记录和报告	
7	操作熟练程度	
8	结果的验证	

确认评审结论:

签名:　　　　　　　　　　日期:

技术负责人评价意见:

签名:　　　　　　　　　　日期:

中心主任批准开展"检测"工作的意见:

签名:　　　　　　　　　　日期:

在用现行有效的规程、规范和标准目录

文件编号:SHWGCLAB-RD21-03

序号	标准名称	标准编号	实施日期	检定/校准/检测参量

8.7 例外允许偏离控制程序(SHWGCLAB-PD35-18)

8.7.1 目的

控制例外情况下的允许偏离,确保管理体系正常运行和测量结果的正确、可靠、有效。

8.7.2 范围

适用于偏离正常程序的特殊情况。

8.7.3 职责

(1)中心主任(中心副主任)负责审批例外情况下允许偏离的特殊程序。
(2)技术负责人负责组织对例外允许偏离处置的审查。
(3)实验室负责人负责提出例外允许偏离处置申请。
(4)标准与技术发展科负责对例外允许偏离的处置实施跟踪监督。
(5)实验室负责落实、实施例外允许偏离处置程序,负责资料和档案的管理工作。

8.7.4 工作程序

(1)校准或检测工作的任何方面偏离既定程序,仅在其不影响管理体系正常运行并确保结果正确、可靠、有效的情况下才允许发生。

(2)当客户要求或遇特殊情况,需按例外允许偏离处置时,由实验室负责人填写 SHWGCLAB-RD35-01《例外允许偏离申请表》。

(3)技术负责人组织对偏离的事由、内容、后果及其处置程序进行审核,确认不会对校准、检测造成不良影响后,经中心主任(中心副主任)批准,实施例外允许偏离处置程序。

(4)标准与技术发展科负责对例外允许偏离的处置全过程实施跟踪监督。

(5)校准或检测方法的偏离

当客户委托的校准或检测未指定方法时,本中心使用现行有效的方法。方法应获得客户的书面同意和认可。

当客户提出增加、减少或改变已定的标准或方法时,实验室应与客户签立补充协议,对变动部分进行书面的约定,或由客户单方面提出书面请求。

实验室应对客户要求变更的标准方法安排校准或检测人员进行评审,以发现本中心可能存在能力不足和/或潜在的不良风险,必要时,应按照 SHWGCLAB-PD21-18《检定/校准和检测方法及方法证实程序》文件规定的要求对变更或偏离的方法安排重新确认,以确定变更或偏离是可行的。

当校准或检测中确定需要偏离已经确定的校准或检测方法标准时,实验室应及时通报实验室负责人,说明偏离的原因和内容,同时提交验证/确认记录和技术判断报告。由实验室负责人提出校准或检测标准方法变更/偏离申请。

技术负责人应对校准或检测人员要求的允许偏离/变更的校准或检测方法组织评审,判断确定是否存在潜在的不良风险,以确定变更或偏离是可行的,需要时,按 SHWGCLAB-PD21-18《检定/校准和检测方法及方法证实程序》文件规定的程序进行确认。

实验室应以书面方式向客户通报偏离的缘由,指出可能存在的问题并征得客户的书面同意。

任何标准和方法的改变或偏离,实验室负责人应对该改变或偏离进行技术判断,在不影响校准或检测质量并能满足客户要求的前提下,制定成文件并通知到执行该标准或方法的所有人员。

所有对标准和方法的改变或偏离及其记录报告,交由实验室资料管理员存档备查。

(6)检定设备超出检定周期的仪器检测

原则上检定设备超出检定周期,不能发出校准或检测报告。在委托方紧急需要检测的情况下,经实验室负责人核准后,可执行检测操作,但不能发出正式报告。须检定设备检定合格,确认检测时其校准状态可信后,方能发出正式校准或检测证书或报告。

(7)资料管理和归档

校准和检测方法偏离规定方法处理的相关资料按 SHWGCLAB-PD34-18《资料及其归档管理程序》文件的要求进行管理和归档。

8.7.5 相关文件

SHWGCLAB-PD21-18《检定/校准和检测方法及方法证实程序》;
SHWGCLAB-PD34-18《资料及其归档管理程序》。

8.7.6 质量记录

SHWGCLAB-RD35-01《例外允许偏离申请表》。

8.7.7 文件修改记录

修订说明	修订页数	修订日期	批准

例外允许偏离申请表

文件编号:SHWGCLAB-RD35-01

申请部门		申请日期	
申请人			

偏离涉及项目(偏离内容)	
客户意见	 客户代表签名:　　　　　日期:
偏离原因	 申请人签名:　　　　　日期:
验证、确认意见	 评审人签名:　　　　　日期:
审核人意见: 技术负责人签名:　　　　　日期:	
批准人意见: 中心主任(中心副主任)签名:　　　　　日期:	

8.8 抽样管理程序(SHWGCLAB-PD28-18)

8.8.1 目的

对抽样过程进行控制,以保证检测与评价结果具有客观真实性和有效性。

8.8.2 范围

适用于抽样工作的过程控制。

8.8.3 职责

(1)技术负责人负责对抽样人员的授权和对抽样计划的审批。
(2)标准与技术发展科负责对抽样工作进行监督。
(3)授权抽样人员负责制定抽样计划。
(4)实验室负责人负责抽样工作的组织协调和抽样计划的实施。

8.8.4 工作程序

8.8.4.1 确定抽样任务

(1)技术负责人向实验室下达检测任务时,应明确是否需要抽样。
(2)如果含抽样任务,实验室应指定承担抽样的人员,抽样人员必须具有足够的技术水平和资质,并由技术负责人授权。必要时,对抽样人员进行相应的培训,以满足相关要求。

8.8.4.2 制定抽样计划

(1)授权抽样人员依据以下情况制定抽样计划:
①检测与评价标准或规范。
②有效合同或与客户商定的条款。
③GB10111《抽样方法》和作业指导书。
④用适当的统计技术。
(2)抽样计划可包含在方案中,由技术负责人审批和确认,并经客户同意后实施。

8.8.4.3 抽样人员负责按抽样计划的要求,作好抽样前的准备工作,包括:

(1)抽样前应充分了解被抽仪器的具体情况,相关的检测结果。
(2)应携带抽样计划和程序及相关的记录表格、封样装置和仪器。
(3)与客户沟通抽样要求与相关事宜。

8.8.4.4 仪器(物品)抽取

(1)抽样人员在现场开展抽样工作。
(2)抽样按抽样计划和程序规定的抽样方法、步骤进行。
(3)仪器(物品)抽取后,抽样人员按规定的方法及时标识、封样。

8.8.4.5 抽样记录

(1)抽样人员在现场抽样应将相关的抽样数据、资料(包括抽样依据、环境条件、抽样地点、仪器数量等)信息填写在 SHWGCLAB-RD28-01《抽样登记表》中。

(2)抽样完成后,抽样人员应与客户代表在记录中共同签字。

8.8.4.6 对抽样程序的偏离

当客户对抽样计划或程序有偏离、添加或删节的要求时,应按例外情况执行 SHWGCLAB-PD34-18《例外允许偏离控制程序》,并报请技术负责人确认,重新执行抽样程序。

8.8.4.7 抽样结束

抽样结束后,仪器(物品)交物品管理员验收、保管。将 SHWGCLAB-RD28-01《抽样登记表》归入原始资料中,一并归档保存。

8.8.5 相关文件

SHWGCLAB-PD35-18《例外允许偏离控制程序》;
GB10111《抽样方法》。

8.8.6 质量记录

SHWGCLAB-RD28-01《抽样登记表》。

8.8.7 文件修改记录

修订说明	修订页数	修订日期	批准

抽样登记表

文件编号：SHWGCLAB-RD28-01

抽样时间		被抽样送检单位	
抽样人		抽样名称	
抽样数量		抽样基数	
抽样地点		抽样依据	
生产企业名称		检测项目	
抽样编号			

技术负责人审批：

签名：　　　　　　　　　　　日期：

抽样人意见：

签名：　　　　　　　　　　　日期：

客户代表意见：

签名：　　　　　　　　　　　日期：

备注：

8.9 检定/校准和检测仪器(物品)管理程序(SHWGCLAB-PD29-18)

8.9.1 目的

为了确保对客户委托的检定/校准和检测的仪器(物品)进行妥善的收发、保管及处置,特制定本程序(本程序中"检测"包括检定/校准和检测)。

8.9.2 范围

适用于客户委托本中心"检测"的所有仪器(物品)。包括仪器(物品)的交接、传递、保管、状态识别和保密以及"检测"完成之后的处理。

8.9.3 职责

8.9.3.1 样品管理员

(1)做好"检测"仪器(物品)及其附件的接收工作并认真记录仪器(物品)的状态特性。
(2)按照客户的要求在符合条件的环境中保存"检测"仪器(物品)。
(3)维护和记录"检测"仪器(物品)贮存的环境。
(4)做好"检测"仪器(物品)编号和粘贴仪器(物品)状态标识。
(5)做好"检测"仪器(物品)在各个环节中的监督。

8.9.3.2 "检测"人员

(1)按照作业指导书进行"检测"仪器(物品)制备。
(2)对在检仪器(物品)进行管理。

8.9.3.3 技术负责人

(1)必要时对"检测"仪器(物品)进行确认。
(2)对"检测"仪器(物品)的安全和保密管理进行监督检查。

8.9.3.4 质量负责人

维护本程序的有效性。

8.9.4 工作程序

8.9.4.1 "检测"仪器(物品)的唯一标识系统

(1)"检测"仪器(物品)的任务编号规则
"检测"委托书编号+仪器顺序号+传感器顺序号
其中:
"检测"委托书编号为:年(两位)+月(两位)+日(两位)+当月的收发顺序号(两位);
仪器顺序号:同"检测"委托书登记的仪器(物品)数量顺序号(三位);
传感器顺序号:每个仪器传感器顺序号(两位),仪器顺序号与传感器顺序号用-号连接;
例如:2015年12月02日收取了本月第4批"检测"仪器(物品),其中第5个登记的仪器

(物品)为单一传感器则编号应为:15120204005-01

(2)本中心仪器(物品)收发通过实验室信息管理系统(LIMS)进行管理。样品管理员负责对"检测"仪器(物品)实施识别管理。"检测"仪器(物品)的识别管理系统由被检仪器(物品)出厂编号、条形码和任务编号组成。整个"检测"过程应保留"检测"仪器(物品)标识。"检测"仪器(物品)标识标签样式见8.9.7。

(3)样品管理员在与客户完成了仪器(物品)交接后,将系统自动生成的"检测"仪器(物品)标识标签粘贴在"检测"仪器(物品)上,印制"检测"仪器(物品)的唯一编号。同时系统自动生成SHWGCLAB-RD29-01《检定/校准和检测仪器流转信息登记表》,标识仪器(物品)处于"待检"状态。

标识不应粘贴在容易与仪器(物品)分离的部件上,如仪器盖,避免混淆。标识不应影响被"检测"仪器(物品)的使用,否则实验室应在该"检测"仪器(物品)离开实验室时予以清除。

(4)样品管理员在与实验室"检测"仪器领取人完成了"检测"仪器(物品)出库交接后,系统在SHWGCLAB-RD29-01《检定/校准和检测仪器流转信息登记表》中标识"检测"仪器(物品)处于"在检"状态。实验室不能马上进行"检测"的仪器(物品)先放置在"待检区"。

(5)样品管理员在与实验室"检测"仪器(物品)退回人完成了"检测"仪器(物品)回库交接后,系统自动标识"检测"仪器(物品)处于"已检"状态。

(6)检定不合格或校准和检测发现严重偏离技术指标时,由实验室直接与用户联系。如果用户需要修理,由用户联系厂家修理后再进行"检测",或退回收发室终止"检测"。

8.9.4.2 "检测"仪器(物品)的交接和传递

(1)样品管理员负责在受理客户的委托"检测"时,对"检测"仪器(物品)的形态、附件及资料进行详细的登记和记录。

(2)样品管理员仅对所接受的"检测"进行初步检查与核对,内在完好性将送实验室做最终检查。

(3)交接双方对"检测"仪器(物品)的数量、外观缺陷、附件、资料和"检测"仪器(物品)的可检性都一一登记确认后,样品管理员征求客户对"检测"仪器(物品)及技术资料的贮存和保密要求,当客户有特殊要求时,请客户在SHWGCLAB-RD06-02《客户委托单(仪器提取凭证)》中注明详细要求。

(4)SHWGCLAB-RD06-02《客户委托单(仪器提取凭证)》一式三联,第一联由样品管理员留存待查,作为"检测"计划的统计凭据。第二联交客户留存,作为委托"检测"后领取检定/校准证书、检测报告和领回"检测"仪器(物品)的凭据。第三联作为"检测"任务指令,由样品管理员受权签发实验室执行。

(5)实验室负责人收到"检测"任务后,首先确定该项"检测"计划的主负责人和参加人到收发室提取仪器(物品)。如"检测"计划内容较多,实验室负责人应亲自组织计划的实施。

(6)样品管理员交代或提出"检测"仪器(物品)"检测"中应注意的使用、安全、保密、贮存等要求,必要时由样品管理员制定出书面文件要求随"检测"仪器(物品)一起流转。

(7)"检测"计划的主负责人或参加人与样品管理员一一清点接收的"检测"仪器(物品)、附件和技术资料以及"检测"仪器(物品)缺陷的确认。清点确认后"检测"仪器接收人在第三联上签字。此后"检测"中的"检测"仪器(物品)、附件和技术资料由实验室的"检测"计划负责人负责管理。

(8)被校测量设备的操作面板以及其他外部可触及的部位上如果有调整装置(如调校器),

且该装置仅限在校准时调整,实验室在校准完成后,无论校准时是否调整该装置,均应将该装置密封或进行固定,以防止其被未授权人员调整。该措施的设计应确保及时发现被校测量设备未经许可的调整。

注:①对于有些仪器,使用时本身就需要操作人员进行调整,则上述要求不适用。如某些仪器使用前对指针零位的调整;②所采取的"密封"、"固定"措施,如封印、漆封、封签等,不应破坏该调整装置,以及不影响下次校准时对该测量设备的重新调整。

(9)"检测"后的仪器(物品)应由"检测"计划的主负责人或参加人如数退回到收发室,样品管理员据SHWGCLAB-RD06-02《客户委托单(仪器提取凭证)》第一联核对退库"检测"仪器(物品)的数量、附件和技术资料。清点核准后由样品管理员签字接收。

(10)"检测"结束时样品管理员通知客户按时领回"检测"仪器(物品)及其附件和技术资料。领回"检测"仪器(物品)时,客户或委托代理人需凭委托合同的第二联。在双方确认"检测"仪器(物品)数量、附件及其他技术资料齐全无误后,由委托方代表在第一联签字后退回客户。

8.9.4.3 "检测"仪器(物品)的保管和检后处置

(1)样品管理员对"检测"仪器(物品)在本中心期间的保存、安全、保密、完好负责,并对在"检测"期间的仪器(物品)管理实施监督。

(2)"检测"仪器(物品)的贮存条件应达到客户提出的要求。对有特殊贮存要求的"检测"仪器(物品),应建立贮存环境的监控设施。样品管理员应对监控过程实施记录,以证实"检测"仪器(物品)贮存始终是符合客户要求的。对"检测"仪器(物品)贮存环境的监控执行SHWG-CLAB-PD18-18《环境的控制程序》。

(3)当贮存保管条件达不到客户要求时,应及时向客户声明。或者经客户同意采取其他贮存保管方式。

(4)客户如放弃对检后"检测"仪器(物品)的处置权,样品管理员根据客户放弃"检测"仪器(物品)处置权的事实,向技术负责人提出检后"检测"仪器(物品)的处理方案。在得到技术负责人批准后,由样品管理员逐一登记后处置。

8.9.4.4 "检测"仪器(物品)的保密

(1)"检测"仪器(物品)的管理应遵循保密的规定。"检测"仪器(物品)流转过程中,各阶段"检测"仪器(物品)的负责人应对"检测"仪器(物品)的保密承担责任。

(2)当"检测"仪器(物品)保密有特殊要求时,则"检测"计划的主负责人或参加人将承检"检测"仪器(物品)、附件和技术资料在每日下班前送回"检测"仪器库由样品管理员保管。

(3)"检测"仪器(物品)在受检中不允许无关人员参观。"检测"仪器(物品)的技术资料不允许无关人员阅览和带离"检测"场所。

(4)涉及专利产品和专利技术的"检测"仪器(物品)、附件、资料应完全退回客户。

(5)本中心对"检测"仪器(物品)的保密执行SHWGCLAB-PD02-18《保护客户机密信息和所有权程序》。

8.9.5 相关程序

SHWGCLAB-PD02-18《保护客户机密信息和所有权程序》;

SHWGCLAB-PD18-18《环境控制程序》。

8.9.6 质量记录

SHWGCLAB-RD06-02《客户委托单(仪器提取凭证)》;
SHWGCLAB-RD29-01《检定/校准和检测仪器流转信息登记表》。

8.9.7 "检测"仪器(物品)标识标签

8.9.8 文件修改记录

修订说明	修订页数	修订日期	批准

检定/校准和检测仪器流转信息登记表

文件编号:SHWGCLAB-RD29-01

仪器顺序号	样品名称/编号	接受人/日期	领取人/日期	退回人/日期	返还客户人/日期

8.10 记录控制程序(SHWGCLAB-PD14-18)

8.10.1 目的

为保证本中心管理体系运行的可追溯性,为其有效性及改进提供客观证据,确保记录客观、真实、准确地反映检定/校准和检测工作符合规定的要求,为客户提供满意的服务(本程序中"检测"包括检定/校准和检测)。

8.10.2 范围

适用于本中心管理体系运行中的质量记录、技术记录和行政管理记录的管理和控制。

8.10.3 职责

(1)中心主任(中心副主任)负责本中心记录的审批。
(2)质量负责人负责本中心质量记录的审核。
(3)技术负责人负责本中心技术记录的审核。
(4)标准与技术发展科负责对本中心的记录进行控制和监督,并组织质量记录的编制,负责有关质量体系文件的控制清单。
(5)实验室负责技术记录以及与本室相关质量管理记录的编写、管理和归档工作。

8.10.4 工作程序

8.10.4.1 记录分类

(1)本中心管理体系运行中形成的质量记录,主要包括:
①管理体系内部审核记录。
②管理评审记录。
③不符合工作控制记录。
④纠正措施。
⑤预防措施。
⑥客户投诉或意见反馈及其处理记录。
⑦员工培训及考核记录。
⑧合同评审记录。
⑨(合格)供方的审核和评价记录等涉及质量管理体系运行的全部见证记录。
(2)本中心与"检测"相关工作形成的技术记录,主要包括:
①"检测"原始记录。
②仪器设备运行、检查、维护、修理、启/停用记录。
③计量器具检定/校准证书和检测报告。
④其他与"检测"相关工作记录。

8.10.4.2 记录表格编制和审批

(1)本中心的记录采用 A4 纸张,页面可根据实际需要使用纵向或横向,每项记录都有固定格式和唯一代号。

(2)格式化的质量记录表格由中心主任(中心副主任)批准并签署发布,由标准与技术发展科实行统一管理、登记发放到持有人。其他有关质量体系文件的控制清单,由标准与技术发展科负责编制,质量负责人核查。按照质量手册和程序文件的发放范围,由标准与技术发展科发放。

(3)技术记录是由实验室按其"检测"使用的方法和设备等要求进行编制,技术负责人审查后报中心主任批准实施。

8.10.4.3　记录填写

(1)记录可以用手工或计算机填写,但记录表格中的有关记录、核验、审核、批准等与人员有关的项目要求当事人签字。要求记录人在工作现场及时、如实地填写,不得事后回忆追加记录。

(2)手工填写的记录必须采用黑(或蓝)色的水性介质笔,字迹应工整、易辨、清晰整洁;计算机填写的记录必须在硬盘贮存记录,同时还要有存于软磁盘或光盘的备份。

(3)"检测"的原始记录必须由持有资质证书的人员核验并签字。

8.10.4.4　记录的更改

(1)记录不得随意涂、描、刮。当记录中出现错误时应在每一个错误处划改,并将正确值写在其旁边,不可擦涂掉,以免字迹模糊或消失。对记录的所有改动应由改动人签名或加盖其本人印章,并注明修改日期。

(2)当电子存储的记录出现错误时,对记录的修改由授权人员进行,并记录修改人、修改时间、修改前和修改后的内容,必要时,要注明修改的原因并做好标记,并将改动后的记录重新存档保存,以避免原始数据的丢失或改动。

8.10.4.5　记录管理

(1)记录的保存、归档、借阅和销毁等管理按本中心制定的 SHWGCLAB-PD34-18《资料及其归档管理程序》的要求执行,并按 SHWGCLAB-PD02-18《保护客户机密信息和所有权控制程序》的要求进行保护和保密。

(2)人员和测量标准(设备、装置或系统)的技术记录(如培训、岗位授权、人员监督、人员能力监控、溯源证书、质控数据、维修记录等)应长期保存,即使在人员离开或标准设备报废后,也应至少保留 6 年。

(3)校准记录应包含所用测量标准的名称、唯一性编号、溯源信息、校准条件等必要的信息。

(4)校准人员的校准结果必须经过校核人员的核验,校准人员不应作为校核人员核验自己的工作。

(5)当使用电子方式记录或(和)存储原始记录时,应满足以下要求:

①自动检测或测量(装置)系统通过电子等自动方式生成的原始记录,应有措施防止其被人为的修改。

②"检测"过程中,将原始观察数据经人工直接输入到计算机或其他自动存储设备中生成的原始记录,一般情况下,由原"检测"人员或其授权人员修改。

③先在纸质材料上记录原始观察数据,再输入计算机或其他自动存储设备中生成的"检

测"记录,应同时保存原纸质记录或通过扫描、复印、照相等转化为电子图像保存。

8.10.5 相关文件

SHWGCLAB-PD02-18《保护客户机密信息和所有权控制程序》;
SHWGCLAB-PD34-18《资料及其归档管理程序》。

8.10.6 文件修改记录

修订说明	修订页数	修订日期	批准

8.11 测量不确定度评定控制程序(SHWGCLAB-PD22-18)

8.11.1 目的

对测量结果的不确定度评定进行规范,确保测量不确定度的评定符合 JJF1059 和 CNAS-CL01-G003:2018《测量不确定度的要求》的要求(本程序中"检测"包括检定/校准和检测)。

8.11.2 范围

适用于本中心"检测"项目的测量不确定度评定的控制。

8.11.3 职责

(1)实验室负责人
组织相关测量不确定度的分析与评定。
(2)技术负责人
①组织对测量不确定度评定报告进行审批。
②审查"检测"能力的持续维持情况。

8.11.4 工作程序

(1)实验室负责人组织"检测"系统的设计人或熟悉操作人员评估相关项目的测量不确定度,写出评定报告报技术负责人审批。
(2)具体实施"检测"人员应能正确应用和报告测量不确定度。
(3)技术负责人每年定期审查"检测"能力的持续维持情况,当发生变化时,要注意不确定度评定结果是否需要重新评估,需要时开展此项工作。

8.11.5 直接测量不确定度评定工作程序

直接测量是指不需要进行计算,测量结果直接由测量仪器的指示值给出。

8.11.5.1 测量不确定度的评定原则

(1)本中心对开展的"检测"项目进行测量不确定度评定,写出评定报告。执行 JJF1059.1《测量不确定度评定与表示》和 CNAS-CL01-G003:2018《测量不确定度的要求》。

(2)作为"检测"实验室,如果没有 B 类标准不确定度自由度的信息,可以不需要给出自由度,或者认为 B 类标准不确定度的自由度为无穷大。

8.11.5.2 测量不确定度评定步骤

(1)概述

测量不确定度定义为"依据所用到的信息表征赋予被测量之量值的分散性,是非负的参数",所以如欲评定测量不确定度,首先必须给出"检测"的有关信息。

①测量方法:依据规程/规范/标准。

②环境条件:根据规程/规范/标准以及所使用的"检测"仪器的要求决定。

③所用的标准仪器设备(经检定/校准合格的可溯源的测量仪器设备)

必须详细给出测量标准的型号、序号、扩展不确定度/最大允许误差/准确度等级、分辨力等进行不确定度评定的信息。

④被测对象:列出被"检测"仪器的名称、型号等。

⑤测量程序:依据测量方法,详细说明测量过程;必须说明测量结果是由一次测量直接给出,还是由多次测量的平均值给出。

⑥评定结果的应用

符合上述条件下的测量结果,通常可以直接使用本不确定度评定结果;或者可以参照本不确定度评定方法,给出不同测量结果的测量不确定度评定数值。

(2)给出评定测量不确定度的测量模型

对于直接测量的"检测"项目,"检测"仪器的指示值就是测量结果,其测量模型为:

$$x = x_d \tag{8.3}$$

式中:x 为被测量的测量结果;x_d 为用于"检测"的仪器的指示值。

(3)分析不确定度来源和给出合成标准不确定度计算公式

①根据测量模型列出各不确定度分量的来源,从测量仪器、测量方法、测量人员、测量环境和被测量全面考虑,做到不遗漏,不重复,如测量结果是修正后的结果,应考虑由修正值引入的不确定度分量。

②根据本实验室使用的通用不确定度评定模型式(8.3),测量不确定度的来源主要包括:

测量重复性引入的标准不确定度 u_A,采用 A 类评定方法;

测量仪器设备引入的标准不确定度 u_{B1},或称为仪器的不确定度,采用 B 类评定方法;

测量仪器设备读数分辨力引入的标准不确定度 u_{B2},采用 B 类评定方法;

其他原因,诸如环境温度引入的标准不确定度 u_{B3},采用 B 类评定方法。

③不确定度预估应该包括:

测量模型中相关联的测量不确定度分量;

概率的类型(正态分布、均匀分布、三角分布、t 分布等);

测量不确定度评定类型(A 类、B 类或合成标准不确定度);

包含因子、自由度(如果需要);

协方差等。

在直接测量的不确定度评定中,各个不确定度分量通常都是不相关的。表 8.1 给出了与直接测量相关的测量不确定度预估。

表 8.1 测量不确定度预估

序号 i	不确定度来源	标准不确定度					自由度	
		类型	分布	包含因子(ki)	符号	数值	ν	数值
1	测量重复性	A	正态	1	u_A		ν_A	
2	测量仪器引入的不确定度【注】	B	检定方式溯源 均匀	$\sqrt{3}$	$u v_{B1}$		ν_1	∞
			三角	$\sqrt{6}$				∞
			未说明	U/k				∞
			校准方式溯源 正态	U_p/k_p				∞
			t 分布	$U_p/t_p(\nu_{eff})$				ν_{eff}
3	测量仪器读数分辨力	B	均匀	$\sqrt{3}$	u_{B2}		ν_2	∞
4	其他来源	B	均匀	$\sqrt{3}$	u_{B3}		ν_3	∞
5	合成标准不确定度			$u_c(x)=\sqrt{u_A^2+\sum_{i=1}^{n}u_{Bi}^2}$				
6	①如果给出有效自由度 ν_{eff},则扩展不确定度 $U=t_{95}u_c=$,$k=t_{95}(\nu_{eff})=$,$(p=95\%)$。 ②如果不能给出有效自由度 ν_{eff},则扩展不确定度 $U=2u_c=$,$k=2$,提供的包含概率 $p\approx 95\%$。							

【注】(1) 本表序号 2 列出了 5 种常见"检测"仪器设备不确定度的分布,评定人员可根据实际情况选择其一。对于后 3 种(校准方式溯源)情况,采用仪器设备的校准值。

(2) 对于采用检定合格的测量仪器设备,即直接采用仪器设备指示值,采用本表序号 2 中的前 2 种方法评定。

④合成标准不确定度 u_c 计算公式

由测量不确定度的来源和不确定度的预估可知,所有标准不确定度分量互不相关时,可以采用方和根方法合成:

$$u_c(x)=\sqrt{u_A^2+\sum_{i=1}^{n}u_{Bi}^2} \tag{8.4}$$

(4) 标准不确定度的 A 类评定

A 类评定是指通过对一组观测列进行统计分析的方法来评定标准不确定度,以一倍实验标准差表征标准不确定度。

①求单次测量的实验标准(偏)差

在重复性条件下或复现性条件下进行规范化常规测量,通常不需要每次测量都进行 A 类标准不确定度评定,可以直接引用预先评定的结果。所谓规范化常规测量,是指明确规定了方法、程序、条件的测量,如已通过实验室认可的校准/检测项目的测量和通常进行的检定。

在重复性条件下对被测量 x_i 作 n 次独立重复测量得到测量列: $x_1,x_2,\cdots,x_n$,被测量的最佳值等于测量列的算术平均值：

$$\bar{x} = \frac{1}{n}\sum_{i=1}^{n} x_i \tag{8.5}$$

应用贝塞尔公式求取测量列的单次测量的实验标准差

$$s(x) = \sqrt{\frac{\sum_{i=1}^{n}(x_i - \bar{x})^2}{n-1}} \tag{8.6}$$

通常情况下，取测量次数 $n=10$，则其平均值和单次测量的实验标准差分别为：

$$\bar{x} = \frac{1}{10}\sum_{i=1}^{10} x_i \tag{8.7}$$

$$s(x) = \sqrt{\frac{\sum_{i=1}^{10}(x_i - \bar{x})^2}{10-1}} \tag{8.8}$$

②多次重复测量的独立性需要指出，①中所述重复测量，不是简单地重复读数，而是应当相互独立地观测，例如：

仪器的调零是测量程序的一部分，则重新调零应成为每次测量重复性的一部分；

如果连接是测量程序的一部分，则重新连接应成为重复性的一部分，等。

③A 类评定标准不确定度 u_A 的计算

(a)测量结果由一次测量直接给出时的标准不确定度计算

根据定义，标准不确定度等于一倍标准偏差。如果测量结果由一次测量直接给出，则用下式计算 A 类评定标准不确定度 u_A：

$$u_A = s(x) = \sqrt{\frac{\sum_{i=1}^{10}(x_i - x)^2}{10-1}} \tag{8.9}$$

(b)测量结果由 m 次测量的算术平均值给出时的标准不确定度计算

当测量结果由 m 次测量的算术平均值给出时，则测量结果及其标准不确定度分别计算如下。测量结果

$$\bar{x} = \frac{1}{m}\sum_{i=1}^{m} x_i \tag{8.10}$$

A 类评定标准不确定度 u_A

$$u_A = \frac{s(x)}{\sqrt{m}} \tag{8.11}$$

④A 类评定标准不确定度 u_A 的自由度 ν_A

A 类评定标准不确定度 u_A 的自由度为

$$\nu = n - 1 \tag{8.12}$$

式中：n 为测量列的测量次数。

(5)标准不确定度的 B 类评定

B 类评定是用不同于对测量列进行统计分析的方法来评定标准不确定度。B 类评定的信息来源是：检定/校准证书提供的数据、准确度等级、不确定度，生产厂家的技术说明书，"检测"

人员对有关技术材料和测量仪器特性的了解和经验,国家标准等技术文件对有关产品材料性能的规定等。

①测量仪器设备引起的标准不确定度分量(或仪器的不确定度)u_{B1}

实验室所有"检测"用测量仪器设备在投入使用前都应经过检定/校准。因此,测量仪器设备引入的标准不确定度分量可以分以下两类方式求取。

(a)通过检定方式溯源的"检测"仪器设备引入的标准不确定度计算

服从均匀分布(矩形分布)

检定合格的设备,其技术指标满足生产厂家规定的最大允许误差±Δ的要求。最大允许误差服从均匀分布,包含区间半宽度 $a_1=\Delta$,包含因子 $k_1=\sqrt{3}$,由此引起的标准不确定度 u_{B1} 为

$$u_{B1}=\frac{\Delta}{k_1}=\frac{\Delta}{\sqrt{3}} \tag{8.13}$$

服从三角分布(如容量器具的允许误差)

检定合格的容量器具的允许误差±Δ,服从三角分布。包含区间半宽度 $a_1=\Delta$,包含因子 $k_1=\sqrt{6}$,由此引起的标准不确定度 u_{B1} 为

$$u_{B1}=\frac{\Delta}{k_1}=\frac{\Delta}{\sqrt{6}} \tag{8.14}$$

因为直接采用生产厂家给出的最大允许误差,且检定合格,自由度为无穷大。

(b)通过校准方式进行溯源的"检测"仪器设备引入的标准不确定度计算

如果被测量 X 的估计值 x 来源于说明书、校准证书、手册或其他资料,同时还明确给出了扩展不确定度 U 是标准偏差 $s(x)$ 或标准不确定度 u_{B1} 的 k_1 倍,并指明了包含因子 k_1 的大小。则可以求出标准不确定度

$$u_{B1}=\frac{U}{k_1} \tag{8.15}$$

被测量 X 的估计值 x 的扩展不确定度不是按照标准差 $s(x)$ 或标准不确定度 u_{B1} 的 k_1 倍给出,而是给出了包含概率 p 和包含区间的半宽度 U_p,除非另有说明,一般按正态分布考虑来评定其标准不确定度 $u(x)$

$$u_{B1}=\frac{U_p}{k_p} \tag{8.16}$$

表 8.2 给出了正态分布的常见的包含概率 p 与相应的包含因子 k_p。正态分布是自由度为无穷大的 t 分布,所以,包含因子 k_p 也可以查 t 分布表可得到。

表 8.2 正态分布情况下的包含概率 p 与包含因子 k 的关系

$p(\%)$	50	68.27	90	95	95.45	99	99.73
k_p	0.67	1	1.645	1.96	2	2.576	3

被测量 X 的估计值 x 的扩展不确定度不仅给出了扩展不确定度 U_p 和包含概率 p,而且给出了有效自由度 ν_{eff} 或包含因子 k_p,这时必须按 t 分布处理

$$u_{B1}=\frac{U_p}{t_p(\nu_{\text{eff}})} \tag{8.17}$$

$t_p(\nu_{\text{eff}})$ 可以查 t 分布表(JJF 1059-2012 附录 B)得到。

②"检测"仪器设备读数分辨力引入的标准不确定度 u_{B2}

设"检测"仪器设备的分辨力为 ε,服从均匀分布,包含区间半宽度 $a_2(S)=\varepsilon/2$,包含因子 $k_2(S)=\sqrt{3}$,由此引起的标准不确定度 u_{B2} 为

$$u_{B2}=\frac{\varepsilon/2}{k_2(S)}=\frac{\varepsilon}{2\sqrt{3}} \tag{8.18}$$

可以认为其自由度为无穷大。

③其他原因引入的标准不确定度 u_{B3}

除非特殊情况,如果严格执行检定规程或校准规范的要求控制环境条件,一般情况下,可以认为

$$u_{B3}=0 \tag{8.19}$$

(6)合成标准不确定度 u_c 的评定

将式(8.9)或式(8.11)、式(8.13)~式(8.17)之一的数值,以及式(8.18)代入式(8.4),即可计算得到

$$u_c(x)=\sqrt{u_A^2+u_{B1}^2+u_{B2}^2} \tag{8.20}$$

(7)扩展不确定度的评定

①扩展不确定度 U

当包含因子的数值不是由规定的包含概率 p 并根据被测量的分布计算得到,而是直接取定时,扩展不确定度用 U 表示。在此情况下一般均取 $k=2$。

$$U=ku_c(x)=2u_c(x) \tag{8.21}$$

在给出扩展不确定度 U 时,应同时给出所取包含因子 k 的数值。

【特别声明】对于检测实验室,通常不计算有效自由度。因此,优先推荐本方法计算扩展不确定度 U。

②扩展不确定度 U_p

当包含因子的数值是由规定的包含概率 p 并根据被测量的分布计算得到时,扩展不确定度用 U_p 表示。当规定的包含概率 p 分别为 95% 和 99% 时,扩展不确定度分别用 U_{95} 和 U_{99} 表示。

$$U_p=k_p u_c(x) \tag{8.22}$$

式中,$k_p=t_p(\nu\text{eff})$ 可以查 t 分布表(JJF1059-2012 附录 B)得到。当自由度为无穷大($\nu\text{eff}\to\infty$)时,t 分布变成正态分布

$$U_{95}=1.96u_c(x)\approx 2u_c(x) \tag{8.23}$$

(8)测量结果与测量不确定度的报告

测量结果是"与其他有用的相关信息一起赋予被测量的一组量值"。"有用的相关信息"包括分布特征、包含区间、包含概率,如前所述。

测量结果通常表示为单个测得的量值 x 和一个测量不确定度:

$$y=x\pm U \tag{8.24}$$

$$\bar{x}=\sum_{i=1}^{m}x_i/m \tag{8.25}$$

x 可以由一次测量直接给出或由 m 次测量的算术平均值给出。

①测量不确定度的有效位

U 或 U_{95} 最多为两位有效数字。

评定中间的计算过程,为了避免修约误差可以多保留 1~2 位。

在报告最终结果时,为减小风险,通常将不确定度最末位后面的数都进位而不是舍去(只进不舍)。

②测量结果的有效位

测量结果的估计值,应修约到与它们不确定度的位数一致。例如,$y=10.05762\ \Omega$,其 $U_{95}(y)=27\ \text{m}\Omega$,则 y 应进位到 $10.058\ \Omega$。

③不确定度又可以相对形式 U_r 或 U_{rel}、u_r 或 u_{rel} 报告。

8.11.6 间接测量的不确定度评定工作程序

所谓间接测量是指需要进行计算给出测量结果的测量,其测量模型通常包括两个以上的输入量。

被测量 Y(即输出量)不能直接测量得到,而是由 N 个其他量 $X_1, X_2, \cdots, X_N$(输入量),通过函数关系 f 来确定,即

$$Y = f(X_1, X_2, \cdots, X_N) \tag{8.26}$$

式中:X_i 是对 Y 的测量结果 y 产生影响的直接测量的量或影响量(即输入量)。

如被测量 Y 的估计值为 y,输入量 X_i 的估计值为 x_i,则有

$$y = f(x_1, x_2, \cdots, x_N) \tag{8.27}$$

8.11.6.1 输出量合成标准不确定度计算公式

(1)当被测量 Y 为相互独立的输入量 X_i 的线性函数时,测量模型仅涉及输入量的加或减

$$Y = c_1 X_1 + c_2 X_2 + \cdots + c_N X_N \tag{8.28}$$

式中:灵敏系数 c_i 为常数。式(8.28)被测量的 y 的合成方差可表述为

$$u_c^2(y) = \sum_{i=1}^{N} |c_i|^2 u^2(x_i) = \sum_{i=1}^{N} u_i^2(y) \tag{8.29}$$

其合成标准不确定度为

$$u_c(y) = \sqrt{\sum_{i=1}^{N} |c_i|^2 u^2(x_i)} = \sqrt{\sum_{i=1}^{N} u_i^2(y)} \tag{8.30}$$

(2)当测量模型仅涉及输入量的乘或除,即函数 f 的形式表现为

$$Y = f(X_1, X_2, \cdots X_N) = m X_1^{p_1} X_2^{p_2} \cdots X_N^{p_N} \tag{8.31}$$

式中:m 是常数,幂指数 p_i 可以是正数、负数或分数,如果 m 的不确定度 $u(m)$ 和 p_i 的不确定度 $u(p_i)$ 可以忽略不计。在输入量 X_i 相互独立的条件下[相关系数 $r(x_i, x_j) = 0$],则被测量的 y 的合成方差可表述为

$$\left[\frac{u_c(y)}{y}\right]^2 = u_\sigma^2(y) = \sum_{i=1}^{N} \left[p_i \frac{u(x_i)}{x_i}\right]^2 = \sum_{i=1}^{N} [p_i u_r(x_i)]^2 \tag{8.32}$$

式(8.32)给出的是相对合成方差,采用相对标准不确定度 $u_\sigma(y) = \dfrac{u_c(y)}{|y|}$ 和 $u_r(x_i) = \dfrac{u(x_i)}{|x_i|}$ 进行标准不确定度合成比较合适,但是要求 $x_i \neq 0$ 和 $y \neq 0$。

其相对合成标准不确定度为

$$\frac{u_c(y)}{|y|} = u_\sigma(y) = \sqrt{\sum_{i=1}^{N} \left[p_i \frac{u(x_i)}{x_i}\right]^2} = \sqrt{\sum_{i=1}^{N} [p_i u_r(x_i)]^2} \tag{8.33}$$

8.11.6.2 输入量的标准不确定度评定

式(8.30)和式(8.33)中的各个输入量 $x_1, x_2, \cdots, x_N$,可以是直接引用的量,也可以是直接测量的量。如果是直接引用的量,其标准不确定度或相对标准不确定度可以从引用的资料中得到。如果是直接测量的量,其标准不确定度或相对标准不确定度可以按照 8.11.5.2(1)～8.11.5.2(6)的方法评定。

8.11.6.3 输出量的标准不确定度评定

将用上述方法求得的各输入量的标准不确定度或相对标准不确定度带入式(8.30)或式(8.33)中,即可获得输出量的标准不确定度或相对标准不确定度。

8.11.6.4 输出量的扩展不确定度评定

对于检测实验室,间接测量的扩展不确定度,通常直接用包含因子 $k=2$ 与式(8.26)或式(8.29)的标准不确定度或相对标准不确定相乘给出,这时给出的扩展不确定度大约给出95%的包含概率:

$$U = k u_c(y) = 2 u_c(y) \tag{8.34}$$

$$U_r = k u_c(y) = 2 u_r(y) \tag{8.35}$$

8.11.6.5 测量结果与测量不确定度的报告

同 8.11.5.2(8)。

8.11.7 相关文件

JJF1059.1《测量不确定度评定与表示》;
CNAS-CL01-G003:2018《测量不确定度的要求》。

8.11.8 文件修改记录

修订说明	修订页数	修订日期	批准

8.12 检定/校准和检测结果的质量保证控制程序(SHWGCLAB-PD30-18)

8.12.1 目的

为确保测量结果质量的有效性,对本中心检定/校准和检测结果的准确性和可靠性进行监控,特制定本程序(本程序中"检测"包括检定/校准和检测)。

8.12.2 范围

适用于本中心内部质量控制和实验室(不是 CNAS 承认的能力验证提供者)自行组织的实验室间比对,包括测量结果质量监控计划的制定、监控方法的选择、质量监控计划的实施,以及质量监控结果的评价和利用。

8.12.3 职责

(1)中心主任负责批准质量监控计划,保证质量监控所需资源。
(2)技术负责人负责审核质量监控计划、批准质量监控报告、组织对质量监控结果进行评审。
(3)质量负责人负责审核质量监控报告。
(4)实验室负责人负责制定质量监控计划并组织实施。
(5)"检测"人员负责实施监控计划。
(6)质量监督员负责编制质量监控报告。
(7)实验室负责归档保存质量监控的文件资料和记录。

8.12.4 工作程序

8.12.4.1 本中心内部质量监控计划

(1)自行组织实验室间比对。当不能获得能力验证计划时,本中心应制定实验室间比对计划,与已通过 CNAS 认可的实验室进行比对。自行组织实验室间比对计划填写 SHWG-CLAB-RD30-03《参加实验室间比对一览表》。

其他实验室(不是 CNAS 承认的能力验证提供者)组织的比对,如果邀请本中心参与,可以根据本中心实验室的实际情况参加,并遵循其规定。"检测"人员应做好比对相关记录,并由实验室归档保存比对的全部资料和记录。

(2)如果"检测"方法中规定了内部质量控制计划和程序,包括规定限值,实验室应严格执行。

(3)每年年初,实验室负责人根据"检测"工作特点、类型和工作量大小等具体情况,选用合适的质量监控技术,编制本实验室 SHWGCLAB-RD30-02《年度质量监控计划》,报技术负责人审核,中心主任批准。

8.12.4.2 "检测"结果质量监控报告、评价和结果利用

(1)每项质量控制计划完成之后,质量监督员编制 SHWGCLAB-RD30-03《质量监控报告》,质量负责人审核,技术负责人批准。在报告中要对监控结果进行评定,给出测量结果和过程是否符合预定质量要求的结论。质量监控结果的评价方法参见 8.12.7。

(2)质量监控结果满意的项目,应持续保持其"检测"能力。

(3)质量监控结果不满意的项目,技术负责人应组织有关人员查找原因,并执行 SHWG-CLAB-PD12-18《实施纠正措施程序》或 SHWGCLAB-PD11-18《不符合工作的控制程序》。

(4)质量监控结果不满意时,技术负责人应立即停止在相关项目的校准证书或检测报告中使用 CNAS 的认可或认定标识。只有在实施纠正措施取得满意结果后,经技术主管批准方可恢复使用认可或认定标识。

(5)质量监控结果临界的项目,应及时提出实施预防措施,执行 SHWGCLAB-PD13-18《实施预防措施程序》,以防止出现错误的"检测"结果。

8.12.5 相关程序

SHWGCLAB-PD11-18《不符合工作的控制程序》;
SHWGCLAB-PD12-18《实施纠正措施程序》;
SHWGCLAB-PD13-18《实施预防措施程序》;
SHWGCLAB-PD36-18《能力验证程序》。

8.12.6 质量记录

SHWGCLAB-RD30-01《参加实验室间比对一览表》;
SHWGCLAB-RD30-02《年度质量监控计划》;
SHWGCLAB-RD30-03《质量监控报告》。

8.12.7 附录

8.12.7.1 术语和定义

能力验证:利用实验室间比对,按照预先制定的准则评价参加者的能力。

实验室间比对:按照预先规定的条件,由两个或多个实验室对相同或类似的被测物品进行测量或检测的组织、实施和评价。

测量审核:实验室对被测物品(材料或制品)进行实际测试,将测试结果与参考值进行比较的活动。

8.12.7.2 本中心推荐使用的测量结果质量保证方法

(1)实验室间比对和测量审核

①有参考值时的实验室之间的比对(能力验证)

验证试验旨在利用实验室之间的比对试验结果,评定各参加实验室的技术能力。实验室之间比对的一个重要特性是,要求比对测量应具有参考值,从而可以对各参加实验室的测量结果进行评定。参考值由参考实验室提供,该实验室通常是一个国家标准实验室或一个已认可的实验室。参考实验室必须比参加实验室具有更小的测量不确定度。由参考实验室主持的实验室之间的比对(能力验证),各参加实验室通常工作在不同的准确度水平,他们能够达到被认可的准确度的能力,则通过计算比率值 E_n(也称为 E_n 数)来进行评定。

用于评定各参加实验室测量结果的比率值 E_n 代表归一化的误差,并定义如下:

$$E_n = \frac{x_i - x_R}{\sqrt{U_i^2 + U_R^2}} \quad (8.36)$$

式中:x_i 为参加实验室测量结果;x_R 为参考实验室测量结果;U_i 为参加实验室报告的测量结果不确定度(置信水平 95%);U_R 为参考实验室报告的测量结果不确定度(置信水平 95%)。

E_n 数表示实验室在测量参考值(事先给定值)时,是否是在他们的规定的不确定度范围内。满意的比率值 E_n(也称为 E_n 数)应当在+1 和-1 之间,亦即 $|E_n| \leqslant 1$(越接近 0 越好)。表 8.3 给出了有 6 个参加实验室测量 1 V 电压的比对测量结果、报告的测量不确定度和 E_n 数。E_n 数未

必一定要使实验室的测量结果最接近参考值。通常,报告具有较小不确定度的实验室的 E_n 数,有可能与工作在很低准确度水平(亦即较大不确定度)的实验室的 E_n 数一样。在一系列同样的测量中,可以期待 E_n 数呈正态分布。所以,在考虑具有 $|E_n|>1$ 的任何测量结果的含义时,要评定实验室给出的全部测量结果,看看是否有系统偏差,例如恒为正或恒为负的 E_n 值。

在比率值 E_n 中使用了实验室报告的测量不确定度。为了使实验室能够报告等于他们被认可的"最小测量不确定度"(国际上也称为"最佳测量能力"),在验证试验(比对)过程中使用的人工制品,通常都具有足够的分辨度、稳定度和可重复性。如果实验室报告的不确定度大于他们被认可的不确定度,那他们通常就应该进行检查分析。

这种比对方式也可以用作测量审核或盲样试验。

表 8.3 直流电压比对测量结果和 E_n 数

实验室代码	$x_i - x_R (\mu V)$	$U_{95}(\mu V)$	E_n
1	−1	2	−0.45
2	2	2	0.89
3	−3	3	−0.9
4	2	1	1.41
5	0.5	1.5	0.28
6	−2.5	2	−1.12

②不能提供参考值的实验室之间的比对(能力验证)

如果所有参加实验室中没有实验室能够提供比较权威的比对参量的参考值,则这类比对有一个前提:各个参加实验室必须工作在大致相同的准确度水平。这在技术和测量的前沿是经常遇到的情况。这种比对(能力验证)测量也是很有用的,但在溯源性方面不能起到由参考实验室主持的实验室之间的比对(能力验证)同样重要的作用。这时,参考值 x_R 可采用各个参加实验室测量值的算术平均值:

$$x_R = \bar{x} = \frac{1}{N}\sum_{i=1}^{N} x_i \tag{8.37}$$

式中:N 为参加验证试验(比对)的实验室的数目;x_i 为第 i 个参加实验室的测量值。

用于评定各参加实验室测量结果的比率值 E_{ni} 可表示为:

$$E_{ni} = \sqrt{\frac{n}{n-1}} \frac{x_i - \bar{x}}{U} \tag{8.38}$$

(2)使用相同或不同方法进行重复校准或检测

①使用相同方法进行内部质量监控

利用相同方法进行内部质量监控的判据是

$$E_n = \frac{x_1 - x_2}{\sqrt{U_1^2 + U_2^2}} = \frac{x_1 - x_2}{\sqrt{2}U} \tag{8.39}$$

式中:x_1 为用相同方法进行第一次测量给出的测量结果;x_2 为用相同方法进行第二次测量给出的测量结果;U_1 为第一次测量结果 x_1 的扩展不确定度,置信概率 95%;$U_2 = U_1 = U$ 为第二次测量结果 x_2 的扩展不确定度,置信概率 95%。

因为使用相同的方法,测量同一被测仪器,两次测量结果的扩展不确定度相同,即有 $U_2 =$

$U_1 = U$。

【注意】使用相同方法进行内部质量监控时,必须确保被测仪器的稳定性。

需要指出,使用相同方法进行内部质量监控,只能对测量结果的重复性进行控制,不能判断测量结果是否存在系统偏差。

②使用不同方法进行内部质量监控

利用不同方法进行内部质量监控的判据是

$$E_n = \frac{x_1 - x_2}{\sqrt{U_1^2 + U_2^2}} \tag{8.40}$$

式中:x_1 为方法 1 给出的测量结果;x_2 为方法 2 给出的测量结果;U_1 为方法 1 测量结果 x_1 的扩展不确定度,置信概率 95%;U_2 为方法 2 测量结果 x_2 的扩展不确定度,置信概率 95%。

满意的判据值 E_n 应在 +1 和 -1 之间。

需要指出,被测仪器必须是稳定的。

(3)对存留仪器进行再校准或再检测

对存留仪器进行再校准或再检测进行内部质量监控的判据是

$$E_n = \frac{x_1 - x_2}{\sqrt{U_1^2 + U_2^2}} = \frac{x_1 - x_2}{\sqrt{2}U} \tag{8.41}$$

式中:x_1 为对存留仪器进行第一次测量给出的测量结果;x_2 为对存留仪器进行第二次测量给出的测量结果;U_1 为第一次测量结果 x_1 的扩展不确定度,置信概率 95%;$U_2 = U_1 = U$ 为第二次测量结果 x_2 的扩展不确定度,置信概率 95%。

因为是使用相同的方法对存留仪器进行校准或检测,测量同一被测仪器,两次测量结果的扩展不确定度相同,即有 $U_2 = U_1 = U$。

【注意】必须选择稳定性良好的存留仪器。

同样的,对存留仪器进行再校准或再检测,只能对测量结果的重复性进行控制,不能判断测量结果是否存在系统偏差。

(4)质量监控数据的应用

JJF1069 7.9.4 条款、CNAS-CL01 5.9.2 条款和 RB/T2144.5.19 指出"应分析质量控制的数据,当发现质量控制数据将要超出预先确定的判据时,应采取有计划的措施来纠正出现的问题,并防止报告错误的结果。"因此,无论是对实验室间的比对与能力验证,还是对实验室内部质量监控结果的判据,都要划分为三个控制段:

接受段判据:$|E_n| \leqslant 0.7$,表明测量结果的质量得到保证;

拒绝段判据:$|E_n| > 1$,表明测量结果的质量失控,必须查找原因并迅速采取纠正措施;

临界预防段判据:$0.7 < |E_n| \leqslant 1$,表明测量结果的质量接近临界,须查找原因并采取适当的预防措施。

例如表 8.3 的 6 个实验室之中:

实验室 1 和 5,比率值 $|E_n| \leqslant 0.7$,满足判据要求,实验室应持续保持其校准能力;

实验室 4 和 6,比率值 $|E_n| > 1$,不满足判据要求,实验室应分析原因并迅速采取纠正措施;

实验室 2 和 3,比率值 $0.7 < |E_n| \leqslant 1$,应引起实验室的关注,分析原因并采取适当的预防措施。

需要指出,推荐的临界预防准则的下限 0.7 需要根据不同项目和不同设备的情况决定。也可以是 0.8 甚至 0.9,其选择需要在资源投入和风险之间进行平衡。

8.12.8 文件修改记录

修订说明	修订页数	修订日期	批准

参加实验室间比对一览表

文件编号:SHWGCLAB-RD30-01

年度

序号	比对项目名称	依据标准	组织方	参加方	比对时间	备注

实验室负责人签名:　　　　　　　　　日期:

审核人意见:

技术负责人签名:　　　　　　　　　日期:

批准人意见:

中心主任签名:　　　　　　　　　日期:

年度能力验证比对及质量监控计划表

文件编号：SHWGCLAB-RD30-02

	质量控制检测项目	验证比对方式	实施时间（月）	执行部门负责人	完成情况	备注
内部		☐留样再测 ☐设备比对 ☐人员比对				
外部		☐CNAS能力验证计划 ☐测量审核 ☐实验室间比对				

编制人签名：　　　　　　　　　日期：

审核人意见：

技术负责人签名：　　　　　　　　日期：

质量监控报告

文件编号:SHWGCLAB-RD30-03

项目名称			
任务来源			
启动时间		完成时间	
负责人		参加人	

监控试验简介:

监控结果和测量不确定度:

监控结果及其接受/拒绝判据:

质量监控结论:

质量监督员签名:　　　　　　　　　　日期:

审核意见:

质量负责人签名:　　　　　　　　　　日期:

批准意见:

技术负责人签名:　　　　　　　　　　日期:

备注:

8.13 能力验证程序(SHWGCLAB-PD36-18)

8.13.1 目的

为按照CNAS-CL01/JJF1069/资质认定能力评价规定参加能力验证和利用能力验证结果,并按要求报告其参加能力验证的信息,证明本中心申请认可/认定和已获认可/授权/认定的技术能力,特制定本程序文件。

8.13.2 范围

适用于本中心参加外部质量评价活动的CNAS/JJF1069/资质认定能力验证(含测量审核),包括实验室能力验证计划的制定、记录要求、能力验证结果利用,以及不满意结果的处理措施。

8.13.3 职责

(1)中心主任(中心副主任)批准实验室参加能力验证/测量审核申请表和计划表,保证质量监控所需的资源。

(2)技术负责人审核参加能力验证/测量审核申请表和计划表。批准对CNAS能力验证/测量审核不满意结果的处理措施。

(3)质量负责人组织制定对能力验证/测量审核不满意结果的处理措施。

(4)实验室负责人制定参加能力验证/测量审核申请表、计划表,并组织实施能力验证/测量审核计划。

(5)检测人员具体实施能力验证/测量审核计划以及相关活动,并认真做好相关记录。

(6)实验室归档保存能力验证/测量审核的文件资料和记录。

8.13.4 工作程序

8.13.4.1 制定计划

依据CNAS-RL02《能力验证规则》制定本中心能力验证/测量审核工作计划。
(1)制定能力验证/测量审核工作计划应考虑的主要因素:
①认可范围所覆盖的校准/检测方法;
②人员的培训、知识、经验及其变动情况;
③内部质量控制情况;
④"检测"的数量、种类以及结果的用途;
⑤"检测"技术的稳定性等;
⑥能力验证是否可获得。

(2)只要存在可获得的能力验证,本中心初次申请认可或申请扩项认可的每个子领域应至少制定1项能力验证/测量审核计划。

(3)在获准认可之后,只要存在可获得的能力验证,本中心当遵循CNAS-RL02:2018《能力验证规则》附录所列的能力验证领域和频次规定制定能力验证计划。对于未列入的子领域,只要存在可获得的能力验证,在每个认可周期内至少制定 1 次能力验证/测量审核计划。

(4)对于使用了不同型号设备、多台相同设备和/或不同方法对于同一项目(或参数)出具数据的,其中至少应制定一台设备或一种方法的能力验证/测量审核计划,并在内部质量控制中制定仪器设备比对或方法比对计划。

(5)对于多场所的情况,在申请认可或扩项认可时,每个"检测"场所能力验证/测量审核计划的制定,遵循 8.13.4.1(2)的规定;获得认可之后,计划的制定遵循 8.13.4.1(3)的规定。

(6)如果条件允许,本中心能力验证计划可以包括参加国际合作组织,如亚太实验室认可合作组织(APLAC)、欧洲认可合作组织(EA)等开展的能力验证计划或 CNAS 专项能力验证计划。

(7)本中心的技术人员、设备、方法标准、认可范围或影响其能力的其他方面发生重大变化时,所涉及的项目应补充制定参加能力验证/测量审核计划,以证明本中心的能力。

(8)实验室负责人经常性地浏览 CNAS 网站(www.cnas.org.cn)能力验证专栏,收集 CNAS 能力验证计划,严格执行上述条款的规定,组织制定参加 CNAS 能力验证/测量审核计划,填写 SHWGCLAB-RD36-01《参加能力验证/测量审核计划申请表》,报技术负责人审核,中心主任批准。同时填写 CNAS《能力验证计划报名表》和 CNAS 认可的能力验证提供者的《测量审核申请表》。

(9)实验室负责人负责与 CNAS 能力验证计划组织实施机构和 CNAS 认可的能力验证提供者联系沟通,获得确认和回复,并按规定缴纳有关的能力验证/测量审核费用。

8.13.4.2　CNAS 能力验证计划/测量审核的实施

(1)实验室负责人及时将 SHWGCLAB-RD36-01《参加能力验证/测量审核计划申请表》向管理层和实施能力验证/测量审核计划校准/检测人员进行通报。

(2)管理层人员和校准/检测人员应充分了解并遵守 CNAS 能力验证/测量审核规则和有关规定,提供能力验证/测量审核所需的任何信息和资料,为能力验证/测量审核工作提供方便。

(3)参加能力验证/测量审核的校准/检测人员应根据 SHWGCLAB-RD36-01《参加能力验证/测量审核计划申请表》和 CNAS 能力验证/测量审核的要求,进行充分的技术准备,包括(需要时)进行测量不确定度评定。

(4)参加能力验证/测量审核的校准/检测人员严格按照 CNAS 能力验证/测量审核的要求,在规定的时间内提供测量数据和测量结果,并做好相关记录。

8.13.4.3　能力验证/测量审核结果不满意时应采取的措施

当能力验证/测量审核项目的结果不满意,或结果不能符合技术标准/规范要求时,除 8.13.4.4(3)之外,本中心应采取如下措施:

(1)技术负责人应立即暂停在相应项目的证书/报告中使用 CNAS 认可标识。只有在验证纠正措施有效之后,技术负责人才可批准恢复使用 CNAS 认可标识。

(2)本中心对不满意结果的纠正措施和验证活动必须在 180 天(自收到能力验证结果报告之日起计)内完成。

(3)保存纠正措施产生的全部记录,以备以后由 CNAS 现场评审组检查。

8.13.4.4 能力验证/测量审核结果利用

对所有能力验证/测量审核项目的结果,包括满意结果、临界结果和不满意结果,实验室负责人应编制 SHWGCLAB-RD36-02《实验室参加能力验证/测量审核结果一览表》,及时向实验室全体人员通报。

(1)满意结果的利用

能力验证/测量审核项目的结果满意表明本中心该项目的能力得到保证,应继续保持其能力。

(2)临界结果的利用

能力验证/测量审核项目的结果虽然满意,但是,处于临界状态并接近不满意结果。这种情况表明本中心该项目的能力有可能得不到保证,应引起管理层和校准/检测人员的关注,并采取以下措施:

①启动 SHWGCLAB-PD13-18《实施预防措施程序》。

②分析原因:重新检查该项目的测量不确定度评定报告(如果进行了不确定度评定),逐项检查各个测量不确定度分量,尤其应重点检查较大不确定度分量。例如:

检查测量方法是否正确,测量条件是否满足技术标准规定的要求;

检查所用仪器设备是否正常,是否满足技术标准规定的技术指标要求;

检查重复性引起的不确定度分量,并采用格拉布斯准则检验是否有异常值(参照 GB/T 4883《数据的统计处理和解释——正态样本离群值的判断和处理》)。

③针对上述原因分析和检查结果,采取相应的预防措施,包括(如果需要)可以再次参加 CNAS 组织或承认的能力验证,或参加测量审核,或与已通过 CNAS 认可的实验室进行比对,以验证预防措施的有效性。

④提出预防措施报告,确保该项目能力得到保证。

⑤保存预防措施产生的全部记录。

(3)不满意结果的处置

能力验证/测量审核项目的结果不满意,应引起管理层和校准/检测人员的高度重视,并采取以下纠正措施:

①启动 SHWGCLAB-PD11-18《不符合工作的控制程序》和 SHWGCLAB-PD12-18《实施纠正措施程序》。

②分析原因:与 8.13.4.4(2)相同。

③针对上述原因分析和检查结果,采取相应纠正措施,包括再次参加 CNAS 组织或承认的能力验证,或参加测量审核,以验证纠正措施的有效性,直到获得满意结果。

④提出整改措施报告,并由质量负责人将纠正措施情况和已获得满意结果通报 CNAS。

8.13.5 引用文件

SHWGCLAB-PD11-18《不符合工作的控制程序》;

SHWGCLAB-PD12-18《实施纠正措施程序》;

SHWGCLAB-PD13-18《实施预防措施程序》;

SHWGCLAB-PD30-18《检定/校准和检测结果的质量保证控制程序》;

CNAS-RL02:2018《能力验证规则》;

GB/T 4883《数据的统计处理和解释——正态样本离群值的判断和处理》。

8.13.6 质量记录

SHWGCLAB-RD36-01《参加能力验证/测量审核计划申请表》；
SHWGCLAB-RD36-02《实验室参加能力验证/测量审核结果一览表》；
CNAS《能力验证计划报名表》；
(CNAS认可的能力验证提供者的)《测量审核申请表》。

8.13.7 文件修改记录

修订说明	修订页数	修订日期	批准

参加能力验证/测量审核计划申请表

申请专业名称			
能力验证/测量审核计划名称		计划编号	
计划组织实施机构及联络信息			
参加的测试/测量项目名称(含认可说明)	列出参加的具体项目名称： 未认可项目名称： 已认可项目名称：		
可能涉及的测试/测量方法			
所用仪器设备(名称、型号、编号、技术指标)			
实验室测量结果不确定度$U(k=2)=$ (如果需要给出)			
校准项目的最佳测量能力(最小不确定度$k=2$)为$U=$ (仅参加校准计划专业所填写)			
报名时间		实施时间	
试验人员		费用	
申请人(签名)：		日期：	
技术负责人审核(签名)：		日期：	
中心主任批准(签名)：		日期：	
说明：(1)每一个能力验证/测量审核计划填写一张申请表。 (2)若实验室已认可范围内包含某个计划中的全部或部分测试/测量项目,应全部申请。			

实验室参加能力验证/测量审核结果一览表

序号	能力验证/测量审核名称	计划编号	参加时间	组织方	参加项目/参数名称	依据方法标准编号	所用仪器设备名称	仪器设备编号	试验人员	参加结果	非满意结果处理状况	备注
1												
2												

编制人： 日期：

8.14 检定/校准证书和检测报告管理工作程序(SHWGCLAB-PD33-18)

8.14.1 目的

为保证检定/校准证书和检测报告完整性、准确性以及能够真实地反映检定/校准和检测结果的全部信息，降低客户使用证书或报告的风险(本程序中"检测"包括检定/校准和检测)。

8.14.2 范围

适用于检定/校准证书和检测报告的编号、格式和信息要求，证书的编制、审核和批准，对证书内容的意见和解释，证书发送和证书的修改/补充。

8.14.3 职责

(1)实验室
按照"检测"原始记录编制检定/校准证书和检测报告。
根据"检测"要求核验检定/校准证书和检测报告的数据。
归档保存证书/报告副本。
(2)质量监督员负责评审"检测"结果。
(3)授权签字人负责批准检定/校准证书和检测报告。
(4)技术负责人负责组织对报告格式的编排和制定，维护本程序的有效性。

8.14.4 工作程序

8.14.4.1 政策

(1)本中心根据客户使用证书或报告的要求、客户使用证书或报告的风险和客户负担的费用，由客户自行选择索要"检定证书"或"校准证书"或"检测报告"。
(2)无论向客户提供上述何种证书/报告，本中心努力减少客户使用时所可能造成的风险。
(3)除检测方法、法律法规另有要求外，实验室应在同一份报告上出具特定仪器(物品)不同检测项目的结果,如果检测项目覆盖了不同的专业技术领域,也可分专业领域出具检测报告。即使客户有要求,实验室也不能随意拆分检测报告,如将"满足规定限值"的结果与"不满足规定限值"的结果分别出具报告,或只报告"满足规定限值"的检测结果。

(4)一般情况下。应按 GB/T 8170《数值修约规则与极限数值的表示和判定》进行数值修约。

8.14.4.2 证书/报告编制要求

(1)证书/报告的编号定义执行 SHWGCLAB-PD04-18《文件控制程序》。

(2)尽量减少产生误解或误用的可能性。

8.14.4.3 证书/报告的审核

(1)检测员打印后的证书/报告同原始记录一起,由核验员核验签字。

(2)经核验无误的证书/报告由检测员签字后同原始记录一起,转至授权签字人批准签发。

8.14.4.4 证书/报告的批准

(1)经授权签字人批准签发的证书/报告转至收发室。

(2)样品管理员将签发后的证书/报告加盖本中心的"检测"专用章待发。

(3)经实验室认可的校准或检测项目,在证书的左上角加盖本中心获得认可的标志章。对认可标识的管理执行 SHWGCLAB-PD37-18《认可标识使用和认可状态声明管理程序》。

(4)经资质认定的检测项目,在证书的左上角加盖本中心获得资质认定的标志章。

8.14.4.5 对可疑结果的处理

(1)当怀疑、发现、得知有关于证书/报告数据有误的信息后,实验室负责人应立即从资料档案管理员处调阅原证书/报告副本,迅速组织有关质量监督员以及"检测"人员对证书/报告中的可疑数据或遗漏部分进行核查。

(2)在核查中对已发证书/报告的数据和结论产生怀疑或发现问题时,实验室负责人应立即起草一份书面文件通过客户通知所有证书/报告的持有人,要求证书/报告持有人暂停使用编号为:×××的证书/报告,声明:待查实证书/报告的数据和结论后再以书面文件告之。当需要重新发布全新的证书/报告时,在新证书/报告上注以唯一性标识。在新证书/报告中书面做出"对编号为×××证书/报告全部作废"的声明。

(3)通知发出的同时,实验室负责人按照 SHWGCLAB-PD23-18《数据控制程序》认真组织实施"检测"数据的核查,并根据"检测"执行的规程或规范或方法核查"检测"遗漏项目。

(4)实验室负责人在核查结束时,起草一份核查证书/报告,指出存在的问题,提出修改或补充证书/报告的处理意见。

(5)如果需要补充"检测",则实验室负责人要提出补充"检测"的可行方案报技术负责人审批。

(6)批准后的补充"检测"方案,由实验室负责人组织实施并出具补充"检测"原始记录。

(7)实验室负责人根据补充的"检测"原始记录和核查结果,起草一份新证书/报告,签字后转至核验员核验。

(8)核验员对转来的新证书/报告的修改或补充内容以及发生"检测"问题的追溯情况进行

分析核对。经核对无误后转至授权签发人批准签发。

8.14.4.6 证书/报告的归档

留存的证书/报告副本连同委托"检测"协议、原始记录、客户修改"检测"方案的书面请求等有关的文件一并归档保存,执行 SHWGCLAB-PD14-18《记录控制程序》。

8.14.4.7 证书/报告的发送程序和方式

(1)实验室"检测"人员将待发的证书/报告与客户送检仪器(物品)一同送收发室交客户签收。

(2)对于需要邮寄的证书/报告,样品管理员根据客户要求的寄达地址用挂号信函寄出。

(3)当客户提出索要证书/报告的磁盘文件时,本中心向客户申明:证书/报告的磁盘文件不具有法律效力,其结果仅供参考。

8.14.4.8 发送证书/报告的保密要求

(1)有保密要求的文件通过机要部门进行交换,或通过邮局按照保密文件邮寄。

(2)本中心的任何人员在未经批准的前提下,不准发布、公布、评价"检测"结果,也不准通过任何通信方式向任何人透露任何"检测"数据和结果。

(3)除非客户要求,本中心禁止使用图文传真和电子网络发布传送证书/报告。

(4)通过委托代理人领取的证书/报告,应凭有效的委托"检测"合同文本,并签字领取。

(5)发送证书/报告的保密要求同时遵守 SHWGCLAB-PD02-18《保护客户机密信息和所有权程序》。

8.14.5 相关程序

SHWGCLAB-PD02-18《保护客户机密信息和所有权程序》;
SHWGCLAB-PD04-18《文件控制程序》;
SHWGCLAB-PD14-18《记录控制程序》;
SHWGCLAB-PD23-18《数据控制程序》;
SHWGCLAB-PD37-18《认可标识使用和认可状态声明管理程序》;
CNAS-GL015:2018《声明检测或校准结果及与规范符合性的指南》。

8.14.6 文件修改记录

修订说明	修订页数	修订日期	批准

8.15 处理投诉程序(SHWGCLAB-PD10-18)

8.15.1 目的

明确客户申诉的接受、处理和反馈程序,以保证服务质量,为质量体系的审核和评审提供信息(本程序中"检测"包括检定/校准和检测)。

8.15.2 范围

本程序适用于本中心处理客户对"检测"工作申诉的处理。

8.15.3 职责

(1)中心主任(中心副主任)负责对投诉处理意见的审批。
(2)质量负责人负责组织对各类投诉材料的分析、确认和处理。
(3)技术负责人组织对投诉材料中的技术问题进行调查。
(4)标准与技术发展科负责客户投诉的接受、处理和反馈,并将所有投诉记录归档。
(5)实验室参加申诉处理的相关活动。
(6)本中心全体人员均有义务记录客户的投诉。

8.15.4 工作程序

8.15.4.1 投诉的信息来源

(1)信函、公文、传真、电话、口头。
(2)SHWGCLAB-RD09-01《客户满意度调查表》,直接与客户的沟通等。

8.15.4.2 申诉受理

(1)由标准与技术发展科接受客户的口头或书面的申诉。热情接待来人、来电,尽可能详细问明情况并做好记录。对于涉及赔偿等重大问题的申诉,客户应能提供书面申诉材料。
(2)根据记录和投诉材料,业务受理人填写 SHWGCLAB-RD10-01《客户申诉及处理结果记录》,对投诉内容进行准确描述。
(3)客户的申诉必须在收到证书、报告后一个月之内(以邮戳或签领日期为准)提出,过期不予受理。

8.15.4.3 申诉审议

(1)投诉是反映服务质量和不符合"检测"工作的重要信息,受理后由质量负责人召集相关部门的有关人员,对客户提出的申诉进行审议,分析申诉原因,确定申诉理由是否成立,明确责任,提出处理意见。当投诉涉及"检测"结果质量或对分包校准和检测工作质量提出疑义时,技术负责人应组织相关部门及时进行调查。标准与技术发展科要记录审议结果并执行 SHWGCLAB-RD10-01《客户申诉及处理结果记录》。
(2)必要时报告中心主任,组成专项调查组进行调查、分析和评判。

8.15.4.4 申诉处理

(1)如果投诉成立,质量负责人应启动 SHWGCLAB-PD11-18《不符合工作的控制程序》,对不符合"检测"工作的严重性和可接受性作出判断。

(2)针对不符合"检测"工作的严重性和可接受性,启动 SHWGCLAB-PD12-18《实施纠正措施程序》或 SHWGCLAB-PD13-18《实施预防措施程序》。

(3)将纠正措施或预防措施以及整改和验收情况填写到 SHWGCLAB-RD10-01《客户申诉及处理结果记录》上,向投诉方或相关方通报投诉处理结果并征求意见。

(4)因本"检测"实验室过失所造成的客户损失,应与客户协商解决;必要时给予实物或经济赔偿,直至客户满意为止。

(5)若客户投诉属实验室的重大质量事故,则技术负责人和(或)质量负责人应及时报告中心主任,决定是否进行附加审核并执行 SHWGCLAB-PD15-18《内部审核管理程序》,必要时中心主任可决定是否增加管理评审,并执行 SHWGCLAB-PD18-18《管理评审程序》。

(6)若经确认不属于实验室的责任,未影响到其"检测"结果、客户利益、与事实不符或客户误解,则应通过与投诉方沟通,由质量负责人和实验室负责人给客户以耐心解释,直至客户满意为止。

(7)如果实验室收到 CNA 转交的投诉,应在 2 个月内向 CNAS 反馈投诉处理结果。

8.15.4.5 投诉的记录

应做好投诉受理、调查分析、事实确认、投诉处理,以及与客户沟通的全部记录,由标准与技术发展科资料档案管理员归档保存。

8.15.5 相关文件

SHWGCLAB-PD11-18《不符合工作的控制程序》;
SHWGCLAB-PD12-18《实施纠正措施程序》;
SHWGCLAB-PD13-18《实施预防措施程序》;
SHWGCLAB-PD15-18《内部审核管理程序》;
SHWGCLAB-PD16-18《管理评审程序》。

8.15.6 质量记录

SHWGCLAB-RD09-01《客户满意度调查表》;
SHWGCLAB-RD10-01《客户申诉及处理结果记录》。

8.15.7 文件修改记录

修订说明	修订页数	修订日期	批准

客户申诉及处理结果记录

文件编号:SHWGCLAB-RD10-01

客户单位名称					
申诉联系人			联系电话		
申诉方式	□书面 □口头	接受申诉记录人		接受申诉日期	
申诉内容:					
申诉审议结论:					
处理意见及结果(需要赔偿的明确责任、提出赔偿方案):					
纠正措施或预防措施以及整改和验收情况:					
申诉审议参加人					
审议日期			记录人		
书面答复 客户日期			答复实施人		
中心主任批准意见: 签字:　　　　　　　　日期:					

8.16 不符合工作的控制程序(SHWGCLAB-PD11-18)

8.16.1 目的

对不符合工作进行鉴别和控制,使检定/校准和检测活动(过程)符合管理体系文件要求以及满足客户要求(本程序中"检测"包括检定/校准和检测)。

8.16.2 适用范围

当"检测"工作的任何方面,或该工作的结果不符合相关程序或未能与客户达成一致的要求时,予以实施。

8.16.3 职责

8.16.3.1 技术负责人

(1)负责控制技术活动中的不符合项,对不符合工作的严重性和可接受性做出评估和决定。必要时决定暂停"检测"工作和扣发证书/报告,并通知客户。

(2)当评价表明不符合工作可能再度发生,或对"检测"结果的正确性或有效性产生怀疑时,应及时采取纠正措施,执行SHWGCLAB-PD12-18《实施纠正措施程序》。

(3)批准恢复"检测"工作。

8.16.3.2 质量负责人

(1)负责控制管理体系质量运作中的不符合项,对不符合工作的严重性和可接受性做出评估和决定。

(2)当评价表明不符合工作可能再度发生,或对管理体系运作的有效性产生怀疑时,应及时采取纠正措施,执行SHWGCLAB-PD12-18《实施纠正措施程序》。

(3)负责维护本程序文件的有效性。

8.16.3.3 质量监督员

负责识别和控制从"检测"仪器(物品)接收到证书/报告发布全过程的不符合工作,对不符合"检测"工作进行立即纠正;必要时,有权暂停"检测"工作和扣发证书/报告。应记录、报告、分析和评价不符合工作,提出纠正措施建议,执行SHWGCLAB-PD03-18《质量监督管理程序》。

8.16.3.4 员工

本中心所有员工,包括"检测"人员有责任和权力向技术负责人或质量负责人直至中心主任报告任何不符合工作,并提出纠正措施的建议。

8.16.4 工作程序

8.16.4.1 不符合工作的识别和报告

(1)对管理体系或"检测"活动的不符合工作或问题的识别,可能发生在管理体系和技术运作的各个环节,例如:

①客户投诉。

②质量控制。

③仪器设备校准。

④对"检测"人员的考察或监督。

⑤检定/校准证书和检测报告的核查。

⑥管理评审和内部或外部审核。

所有这些环节都有相应的程序文件进行控制,并规定了相应的职责和权限。

(2)本中心全体员工有责任及时发现"检测"活动或管理体系运行中存在的不符合或潜在不符合。

①业务受理员通过客户意见调查或客户投诉识别不符合工作,执行SHWGCLAB-PD9-18《服务客户工作程序》和SHWGCLAB-PD10-18《处理投诉程序》。

②"检测"结果的质量控制执行SHWGCLAB-PD30-18《检定/校准和检测结果的质量保证控制程序》。当发生某项"检测"能力达不到规定要求时,应:

立即停止"检测"工作;

通知客户取消"检测"工作;

停止使用CNAS/CMA认可标识;

立即向技术负责人报告。

③仪器设备"检测"执行 SHWGCLAB-PD25-18《测量可溯源程序》。出现不符合时,应:

立即停止"检测"工作;

粘贴红色"禁用""校准状态标识,停止使用;

立即向技术负责人报告。

④对员工或"检测"人员的考察或监督执行 SHWGCLAB-PD03-18《质量监督管理程序》,并定期填写 SHWGCLAB-RD03-01《质量监督记录/报告》。

⑤检定/校准证书、检测报告的核查执行 SHWGCLAB-PD33-18《检定/校准证书和检测报告管理工作程序》。证书和报告不符合应立即向授权签字人报告。

⑥内审中发现的不符合"检测"工作,执行 SHWGCLAB-PD15-18《内部审核管理程序》。

⑦管理评审发现不符合"检测"工作,执行 SHWGCLAB-PD16-18《管理评审程序》。

8.16.4.2 对不符合工作的严重性和可接收性进行评价

技术负责人、质量负责人和质量监督员应对发现的不符合的严重性进行评价,确认不符合已经或可能造成的影响及可接受的程度,并研究确定改进方案和措施。

(1)不符合的分类

根据不符合对"检测"结果有效性和体系运作的影响程度和可能造成的后果,"检测"工作的不符合分为轻微不符合、一般不符合和严重不符合。

①轻微不符合是指偶然的孤立不符合,未对"检测"活动和管理体系的运行造成影响。

②一般不符合是与 CNAS 认可规则/1069/资质认定能力评价、管理体系文件(包括质量手册、程序文件、作业指导书等)的不符合,但并未严重影响到体系运行和"检测"结果的有效性。

③严重不符合是指严重影响到"检测"结果有效性和准确性,或造成重大损失,或管理系统存在严重问题,以及有意识违反认可机构标志使用规则的不符合项。例如,下列情况造成的、对"检测"结果有严重影响的不符合:

管理体系文件不符合认可准则/1069/资质认定能力评价的要求,影响体系的有效运行;

使用曾经过载给出可疑数据、发现已超差、出现间隙性工作不正常和其他异常设备;

使用过期的技术标准/规范和方法;

环境条件失控;

量值溯源失准;

能力验证或比对结果离群或一致性不满意等。

(2)对不符合工作的严重性和可接收性做出决定

发现不符合工作应立即进行纠正,与此同时技术负责人、质量负责人和质量监督员应对发现不符合工作的可接受性做出决定,鉴别:

该项不符合的发生是否可以避免,是否可能再发生;

该项不符合的发生是自然事故还是责任事故;

该项不符合造成的影响所涉及哪些方面,是否可以消除或减少;

对不符合项的纠正措施的难度和所需的投入初步估计;

确认不符合已经或可能造成影响及可接受的程度后,确定改进方案和措施。

8.16.4.3 发现不符合"检测"工作的处置

(1)口头纠正方式

任何不符合工作都要立即纠正。当分析表明属于轻微或局部性的一般不符合工作,但是需要引起部分"检测"人员注意,则质量监督员或管理人员可在其职责权限范围内,口头方式向有关人员传达相关注意事项,以防止类似不符合再度发生。质量监督员将不符合"检测"工作及采取的口头纠正措施记录在 SHWGCLAB-RD03-01《质量监督记录/报告》上。质量负责人在工作例会上口头通报不符合注意事项,提请全体员工注意。

(2)书面纠正方式

当评价表明不符合工作可能再度发生,或对本中心的运作与其政策和程序的符合性产生怀疑时,立即填写 SHWGCLAB-RD11-02《不符合工作通知单》,要求相关责任岗位人员采取纠正/预防措施,并执行 SHWGCLAB-PD12-18《实施纠正措施程序》和 SHWGCLAB-PD13-18《实施预防措施程序》。

①隔离

隔离措施主要针对计量标准设备,如对于功能失常或超过有效检/校周期的计量标准不仅执行 SHWGCLAB-PD24-18《仪器设备管理程序》进行明显标识,同时能隔离的应隔离。

②返工

对违反规程或规范规定的"检测"必须重新"检测"。对购入的仪器,在未投入使用前未按验收方法验收的重新验收。

③纠正

对已发出去的不合格证书或报告,收回原证,更换新证,证书的更换执行 SHWGCLAB-PD33-18《检定/校准证书和检测报告管理工作程序》程序,造成损失的,赔偿制度执行 SHWGCLAB-PD10-18《处理投诉程序》程序。

对已错发的仪器(物品),及时收回,造成损失的,予以赔偿。

④修改文件

当不符合现象重复出现时,其原因若是由于缺乏相关的管理,则尽快制定文件。若是由于已有文件有缺陷,则尽快修订相关程序文件,并执行 SHWGCLAB-PD04-16《文件控制程序》。

8.16.4.4 批准恢复工作

不符合工作纠正并验证后,由技术负责人批准恢复"检测"工作。

8.16.5 相关文件

SHWGCLAB-PD03-18《质量监督管理程序》;
SHWGCLAB-PD04-18《文件控制程序》;
SHWGCLAB-PD09-18《服务客户工作程序》;
SHWGCLAB-PD10-18《处理投诉程序》;
SHWGCLAB-PD12-18《实施纠正措施程序》;
SHWGCLAB-PD13-18《实施预防措施程序》;
SHWGCLAB-PD15-18《内部审核管理程序》;
SHWGCLAB-PD16-18《管理评审程序》;

SHWGCLAB-PD24-18《仪器设备管理程序》；
SHWGCLAB-PD25-18《测量可溯源程序》；
SHWGCLAB-PD30-18《检定/校准和检测结果的质量保证控制程序》；
SHWGCLAB-PD33-18《检定/校准证书和检测报告管理工作程序》。

8.16.6 质量记录

SHWGCLAB-RD03-01《质量监督记录/报告》；
SHWGCLAB-RD11-01《不符合工作通知单》。

8.16.7 文件修改记录

修订说明	修订页数	修订日期	批准

不符合工作通知单

文件编号：SHWGCLAB-RD11-01

发生不符合岗位：		发生时间：	
不符合工作描述： 依据的管理体系文件/检定规程/校准规范/检测标准： 详细情况： 结论： 上述不符合工作 与 CNAS-CL01 条款规定不符合，或 与 1059 条款规定不符合，或 与资质认定能力评价条款规定不符合，或 与管理体系条款规定不符合。 建议纠正措施完成日期：			
不符合工作提出者签字：		日期：	
不符合工作岗位人员意见： 			
岗位人员签字：		日期：	
技术负责人/质量负责人确认意见： 			
确认人签字：		日期：	

8.17 事故报告程序(SHWGCLAB-PD38-18)

8.17.1 目的

挽回或减小事故影响,防止事故再次发生。

8.17.2 范围

适用于计量检定、校准和检测的全过程。

8.17.3 职责

(1)中心主任(中心副主任)负责严重事故的处理。
(2)实验室负责人负责一般事故的处理。
(3)事故的责任部门提出书面报告,说明事故发生的过程和原因,

8.17.4 工作程序

8.17.4.1 严重事故的界定

(1)检定、校准和检测数据不准、结论错误,对外造成不良后果。
(2)违反操作规程造成标准设备损坏或准确度下降。
(3)违反有关规定致使被检定/校准/检测仪器(物品)丢失、损坏。
(4)由于违反操作规程或不遵守有关规章制度造成失火、触电、中毒等。

8.17.4.2 事故的处理

(1)事故发生后,及时加以纠正或制止,以防止事故的蔓延和扩大。
(2)事后,当事人主动向主管领导报告事故发生的情节及后果。
(3)当事人所在实验室负责人根据事故情节轻重提出处置建议。
(4)由中心领导根据事故情况和影响程度做出处置决定。
(5)对影响量值传递的重大事故,处置后报上级有关主管部门,问题严重触犯刑律的,将依法追究刑事责任。
(6)标准与技术发展科负责整理事故报告并归档。
(7)因事故原因而需对现行管理文件进行修改的,或需添加管理文件的,执行 SHWG-CLAB-PD04-18《文件控制程序》。

8.17.5 支持性文件

SHWGCLAB-PD04-18《文件控制程序》。

8.17.6 文件修改记录

修订说明	修订页数	修订日期	批准

8.18 数据控制程序(SHWGCLAB-PD23-18)

8.18.1 目的

对检定/校准和检测数据的采集、记录、处理、核验、审查和归档过程进行控制,保证数据准确、可靠和完整(本程序中"检测"包括检定/校准和检测)。

8.18.2 范围

适用于本中心所有"检测"数据的采集、记录、处理、核验、审查和归档。

8.18.3 职责

(1)"检测"人员负责相关数据的控制和确认。
(2)质量监督员负责数据有效控制的监督检查。
(3)技术负责人负责组织重要的数据控制和处理软件的评审。

8.18.4 工作程序

8.18.4.1 数据的采集和记录

(1)本中心使用经按 SHWGCLAB-PD05-18《计算机数据保护与软件管理程序》确认的数据采集系统和专用软件进行标准器和被检仪器的数据采集。
(2)按照各相关专业检定规程、规范及标准的数据采集要求进行数据采集。
(3)填写相关采集数据原始记录,且每个记录均应有检定人和核验人的签名,保证采集原始数据的真实性、可靠性,以及数据记录的准确性,并满足 SHWGCLAB-PD14-18《记录控制程序》。
(4)手写记录应做到:
①记录由与质量活动有关的人员填写,一般由取得有关资格证书的"检测"人员进行填写。
②记录必须使用正规格式记录纸,其内容符合相关计量规程、规范和作业指导书规定的内容。
③数据读取真实、准确并及时记录在记录上。对模拟式指示装置的读取根据不同的测量仪器估读到尽可能精细。

④记录所用的文字、数字和计量单位符号必须符合技术规范要求。汉字、阿拉伯数字和法定计量单位书写应符合规范要求。记录数据的有效位数和误差(或测量不确定度)表示方式应符合相关技术文件要求。

(5)测量数据需要通过转换表、图表进行转换时,必须使用最新有效版本。

8.18.4.2 数据的处理

(1)数据处理人员按照相关专业检定规程、规范及标准中的计算公式对原始数据进行计算,遵守先运算后修约的原则,并结合数据采集的实际情况,按照 GB/T 8170《数值修约规则与极限数值的表示和判定》中规定的数值修约规则合理地保留数据的有效位数。

(2)当使用计算机软件进行数据处理时,该软件应按 SHWGCLAB-PD05-18《计算机数据保护与软件管理程序》文件规定的方法进行确认后方可使用。

(3)数据处理中测量不确定度的评定执行 SHWGCLAB-PD22-18《测量不确定度评定控制程序》文件。

8.18.4.3 数据的核验

(1)为了确保"检测"结果的质量。对测量数据、计算机数据转换等必须进行系统和适当的核验。

①可疑数据应采取以下方法来确定或排除测量的可疑因素:

按 SHWGCLAB-PD27-18《期间核查程序》的核查方法,检查测量仪器的准确性;

按 SHWGCLAB-PD21-18《检定/校准和检测方法及方法证实程序》验证"检测"方法和步骤的正确性;

设施和环境条件是否受控;

受检仪器是否稳定、可靠;

"检测"人员的操作是否正确。

②"检测"数据的不一致是指二次测量得到的测量结果差异较大。当出现此类情况时,质量监督员应组织协调对"检测"数据不一致的验证活动,检查"检测"细则规定、仪器操作规程的规定、对环境和影响量的控制、原始数据的记录和计算、数据的修约和判定等。

(2)如能用以上排除方法找到原因,质量监督员或实验室负责人应针对存在的问题向技术负责人提出纠正的建议。纠正措施的实施应执行 SHWGCLAB-PD12-18《实施纠正措施程序》,并按 SHWGCLAB-PD13-18《实施预防措施程序》提出并实施预防措施。

(3)数据核验人员在实验过程中实时对采集的原始数据的正确性、数据计算处理的正确性、原始记录的正确性和完整性进行核验。

(4)核验范围包括:原始数据(读数和采样)、数据处理、测量结果(测量值、测量误差和测量不确定度等)、报告填写和测量数据复制。

(5)核验工作由熟悉该项目"检测"方法的人员承担。

(6)核验人员有权责成"检测"人员对错误的结果进行修改和复测,核验人员同"检测"人员一样对"检测"结果的质量负责。

(7)复测的重点是那些接近界限值的数据,对这一部分数据,可按一定比例或 100% 进行复测,以排除出现粗大误差的可能,具体办法可根据具体情况和相关要求进行确定。

8.18.4.4　数据的转移

数据转移过程中应保证数据的完整性,不允许进行数据修约、计算、变更等。

8.18.4.5　数据管理和归档

各专业实验室按照 SHWGCLAB-PD34-18《资料及其归档管理程序》文件的要求将数据及时、正确归档。

8.18.5　引用文件

GB/T 8170《数值修约规则与极限数值的表示和判定》;
SHWGCLAB-PD05-18《计算机数据保护与软件管理程序》;
SHWGCLAB-PD12-18《实施纠正措施程序》;
SHWGCLAB-PD13-18《实施预防措施程序》;
SHWGCLAB-PD14-18《记录控制程序》;
SHWGCLAB-PD21-18《检定/校准和检测方法及方法证实程序》;
SHWGCLAB-PD22-18《测量不确定度评定控制程序》;
SHWGCLAB-PD27-18《期间核查程序》;
SHWGCLAB-PD34-18《资料及其归档管理程序》。

8.18.6　文件修改记录

修订说明	修订页数	修订日期	批准

8.19　计算机数据保护与软件管理程序(SHWGCLAB-PD05-18)

8.19.1　目的

保证计算机或自动化设备正常运行和数据的准确、安全及可靠(本程序中"检测"包括检定/校准和检测)。

8.19.2　范围

适用于所有进行数据采集、处理、记录、报告和储存的计算机或自动化设备。

8.19.3　职责

(1)中心主任(中心副主任)对新开发的计算机软件使用进行审批。
(2)技术负责人负责计算机软件合法化的复核、审定以及电子数据输入(采集)、存储、传输和处理的真实性和可信性。

(3)标准与技术发展科负责对计算机软件的合法性进行监督并备案管理。

(4)实验室负责对计算机进行维护和管理,以及计算机软件的归档管理,为计算机及软件正常运行提供良好环境。

8.19.4 工作程序

8.19.4.1 计算机软件

(1)所用软件必须保证数据采集的完整性和数据处理的正确性。

(2)各实验室自行开发的计算机软件应制订成足够详细的文件,并对其适用性进行适当验证(上业务的软件须做测试评估)。使用前必须经中心主任审批。

(3)用于"检测"的计算机所安装的专业软件须经技术负责人审核、确定其合法/有效性,并由标准与技术管理科备案管理,确保计算机软件合法有效。

(4)用于"检测"的计算机不得安装未经技术负责人许可的应用软件。

(5)实验室应定期对计算机进行维护和管理,为计算机及软件正常运行提供良好环境。

(6)工作前检查软件运行是否正常,如软件有异常立即停止工作,并报告技术负责人,待消除故障,经技术负责人验证无误后方可使用。

(7)新开发的计算机软件系本中心的技术资源,应作好技术软件的保密工作。

8.19.4.2 保护数据的完整性

(1)在人工输入数据时,应有人员进行校对,以免错输或漏输。

(2)在数据输入过程中应随时进行保存以防掉电造成数据丢失。

(3)在设备采集的数据与计算机进行传输时,应保证线路连接正确,传输的数据应确认已全部保存,并有备份,才能删除设备中的记录。

(4)计算机打印的记录或结论,检测与核验人员应签字。

(5)各实验室根据计算机的应用对象,建立和实施数据保护作业指导书,包括数据输入或采集、数据存储、数据传输和数据处理的完整性和保密性,并执行 SHWGCLAB-PD23-18《数据控制程序》和 SHWGCLAB-PD02-18《保证客户机密信息和所有权控制程序》。

8.19.4.3 计算机数据的安全保密

(1)用于"检测"业务的计算机或自动化设备必须有专人负责保管。不得随意交替使用计算机。

(2)用于"检测"业务的计算机或自动化设备,不经保管人员允许不得挪作他用。

(3)当"检测"人员暂时离开,应采用屏幕保护,如时间较长应关闭专用程序或关机,防止外来人员传播计算机数据。

(4)"检测"原始记录,证书、报告副本由实验室负责保管,定期销毁。

(5)未经批准,不得更改计算机记录,计算机中记录应与原始记录一致。计算机内的质量管理记录、原始"检测"记录等必须更改时,应符合 SHWGCLAB-PD14-18《记录控制程序》要求,必要时应有文字说明,并报技术负责人批准。

(6)当计算机或自动化设备发生故障等意外情况而影响工作时,应及时处置,必要时应报中心领导,并执行 SHWGCLAB-PD24-18《仪器设备管理程序》。如需请外来计算机维护人员进行维护时,本中心必须有人自始至终陪同,防止其私自传播计算机数据。

(7)计算机保管人员,必要时应进行计算机病毒的清查,避免造成不必要的损失。

8.19.4.4 计算机的维护管理

(1)"检测"人员定期检查计算机及其所使用软件是否处于满足使用的正常状态,必要时应进行计算机病毒的清查,避免造成不必要的损失。

(2)计算机工作环境应保持清洁,注意防潮、通风。

8.19.5 相关文件

SHWGCLAB-PD02-18《保证客户机密信息和所有权控制程序》;
SHWGCLAB-PD14-18《记录控制程序》;
SHWGCLAB-PD23-18《数据控制程序》;
SHWGCLAB-PD24-18《仪器设备管理程序》。

8.19.6 质量记录

SHWGCLAB-RD05-01《软件确认/更改记录》。

8.19.7 文件修改记录

修订说明	修订页数	修订日期	批准

软件确认/更改记录

文件编号:SHWGCLAB-RD05-01

软件名称和编号		使用部门	
需要确认/更改的内容:			
申请人:		日期:	
确认/更改意见:			
实验室负责人:		日期:	
审核意见:			
技术负责人:		日期:	
批准意见:			
中心主任:		日期:	

第 9 章　管理体系要求程序

9.1　文件控制程序(SHWGCLAB-PD04-18)

9.1.1　目的

加强本中心的文件管理,使文件受控,确保文件的现行有效和保密,避免文件的误用,便于原始记录和证书的管理和控制(本程序中"检测"包括检定/校准和检测)。

9.1.2　范围

适用于本中心所有与管理体系有关的内部文件和外来文件的控制。适用于本中心"检测"原始记录和证书的编号管理。

9.1.3　职责

(1)中心主任负责批准和发布本中心管理体系文件。
(2)中心副主任负责管理性文件的审核,组织管理体系文件编制和定期评审,批准确认文件的报废销毁。
(3)质量负责人负责管理体系文件编制。
(4)技术负责人负责审批技术性文件。
(5)标准与技术发展科资料档案管理员负责外来文件的搜集和控制,对本中心管理体系文件及其相关资料进行控制、发放、归档保存、清查、标识和动态管理。
(6)实验室负责起草编制实验室技术性文件,实验室资料档案管理员对使用的文件和资料进行归档保存、清查、标识和动态管理。

9.1.4　工作程序

9.1.4.1　文件分类

本中心与管理体系有关的文件分为内部文件和外来文件。
(1)内部文件:由质量手册、程序文件、作业指导书和测量不确定度报告、质量记录(计划)和技术记录格式四个层次文件组成。
(2)外来文件:包括法律法规、技术标准、规程/规范、手册;客户标准、资料、制造商手册、说明书等。

9.1.4.2 文件的编号和标识

(1)文件编号格式和说明：

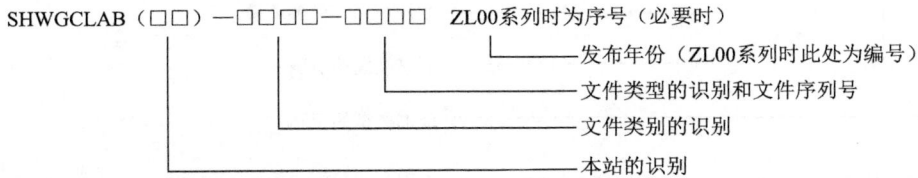

①中心识别说明

SHWGCLAB——中国气象局上海物资管理处实验室的简写。

②文件类别的识别说明

文件的类别是将文件按专业项目划分为不同的类别。管理性文件无类别划分。技术性文件划分为探空、温度、气压、湿度、流速、辐射、降水、综合、气候环境、电磁兼容、机械环境等类别。

不同类别文件的标识：

管理类的文件,总标识符为"G"。

技术类文件的标识符：

探空类:标识符为"TK"；

能见度:标识符为"NJ"；

土壤类:标识符为"TR"；

辐射类:标识符为"FS"；

温度类:标识符为"WD"；

气压类:标识符为"QY"；

湿度类:标识符为"SD"；

流速类:标识符为"LS"；

降水类:标识符为"JS"；

综合类:标识符为"ZH"；

气候环境:标识符为"QH"；

电磁兼容:标识符为"DC"；

机械环境:标识符为"JX"。

③文件类型的识别和文件序列号说明

SC00 系列——质量手册　　　　CX00 系列——程序文件

ZY00 系列——作业指导书　　　ZL00 系列——质量记录

BZ00 系列——计量标准技术档案　JS00 系列——技术记录

GF00 系列——规程/规范和标准　ZD00 系列——管理制度

WL00 系列——外来文件　　　　RM00 系列——任命文件

(2)"检测"证书编号格式和说明:

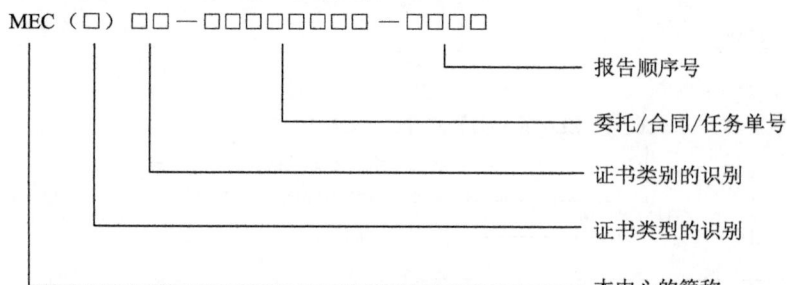

①证书类型的识别说明:
检定:证书类型为"V";
校准:证书类型为"C";
检测:证书类型为"T"。
②证书类别的识别说明:
与技术类文件的标识符相同。
(3)原始记录编号说明:
实验室原始记录编号与样品流水号或证书编号一致。

9.1.4.3 文件的编写

(1)质量负责人负责管理性文件的起草,其中质量手册和程序文件应符合 CNAS-CL01/JJF1069/RB/T214 的要求。

(2)各实验室负责技术性文件的起草,其中检定规程的编写应符合 JJF1002《国家计量检定规程编写规则》的要求。校准规范的编写应符合 JJF1071《国家计量校准规范编写规则》的要求。检测方法可参考 JJF1015《计量器具型式评价和型式批准通用规范》和 JJF1016《计量器具型式评价大纲编写导则》要求进行编写。

(3)所有文件要确保其充分、适宜。

(4)文件的编制应填写 SHWGCLAB-RD04-01《内部文件申请表》。

9.1.4.4 文件的审批

(1)质量手册、程序文件等管理性文件由中心副主任审核并填写 SHWGCLAB-RD04-02《文件审查记录》,中心主任批准发布。

(2)技术性文件由技术负责人负责审批。

9.1.4.5 文件的发放

(1)所有文件由标准与技术发展科资料档案管理员负责编号、登记、发放。现行有效版本的受控文件加盖受控章、逐一编号,并登记在 SHWGCLAB-RD04-03《管理体系文件清单》中。发放文件时应填写 SHWGCLAB-RD04-04《文件发放/回收单》。

(2)对于不适用文件,由标准与技术发展科资料档案管理员填写 SHWGCLAB-RD04-05《文件报废单》,经中心副主任批准确认后销毁,并填写 SHWGCLAB-RD04-09《文件销毁登记表》。对于不完全适用却仍有使用价值的文件,加盖"留用"印章。

(3)在需要文件的场所,应确保能及时得到相关文件的有效版本。

(4)受控文件应在封面标有"受控"字样。

(5)外来文件和资料的管理

①国家、行业和地方规程、规范、标准、工作手册等文件和资料,由各实验室控制,应便于使用。由技术负责人核准签发启用或停用通知。

②本中心在用现行有效的规程、规范和标准目录清单,由标准与技术发展科动态管理,及时更新。

③新发行的规程、规范和标准,经技术负责人批准、由标准与技术发展科资料档案管理员及时购买,登记受控后分发使用。

④在用下发的规程、规范和标准由标准与技术发展科负责每年检查一次(通常在内审时进行),以保证下发标准使用的有效性。

9.1.4.6 文件的保存

(1)文件的保存由档案资料管理员负责,并建立借阅、归还登记制度,执行 SHWGCLAB-PD14-18《记录控制程序》。

(2)技术性文件由实验室归档保存,管理性文件由管理科负责归档保存。

(3)保密文件的管理执行 SHWGCLAB-PD02-18《保护客户机密信息和所有权控制程序》。

(4)需要保密的文件由档案资料管理员设专柜保管,网络文件由档案资料管理员实施保密监督。

9.1.4.7 文件的更改

(1)中心副主任负责组织管理体系文件定期评审,必要时应对文件进行评审与更新,并需再次批准。

(2)文件更改或再版应填写 SHWGCLAB-RD04-06《文件更改或再版申请》,履行审批手续,并确保文件的更改和再版得到识别。

(3)文件更改由文件的持有人根据已被批准的 SHWGCLAB-RD04-06《文件更改或再版申请》自行更改。

(4)文件的修订一般应由文件的原审查人员和批准人员进行审查和修订。

(5)手写修改的文件应尽可能快地正式发布。

9.1.4.8 文件的借阅/复制

(1)借阅/复制与质量体系有关的文件,应填写 SHWGCLAB-RD04-07《文件借阅/复制申请表》,履行审批手续。借阅的文件填写 SHWGCLAB-RD04-08《文件借阅登记表》。

(2)具有保密性文件,未经批准不得外借。

(3)本中心受控文件的所有权和著作权归本中心所有,未经中心主任批准不得外借、转抄或复印。

9.1.4.9 文件的审查

本中心每年至少一次对管理体系文件进行审查,确保持续有效性、符合性和适用性,作为年度管理评审输入。

9.1.5 相关文件

SHWGCLAB-PD02-18《保护客户机密信息和所有权控制程序》;
SHWGCLAB-PD14-18《记录控制程序》。

9.1.6 质量记录

SHWGCLAB-RD04-01《内部文件申请表》；
SHWGCLAB-RD04-02《文件审查记录》；
SHWGCLAB-RD04-03《管理体系文件清单》；
SHWGCLAB-RD04-04《文件发放/回收单》；
SHWGCLAB-RD04-05《文件报废单》；
SHWGCLAB-RD04-06《文件更改或再版申请》；
SHWGCLAB-RD04-07《文件借阅/复制申请表》；
SHWGCLAB-RD04-08《文件借阅登记表》；
SHWGCLAB-RD04-09《文件销毁登记表》。

9.1.7 文件修改记录

修订说明	修订页数	修订日期	批准

内部文件申请表

文件编号：SHWGCLAB-RD04-01

申请单位		起草人	
文件名称		申请日期	
制定/修订的目的意义			
审核意见：			
中心副主任(技术负责人)签名：		日期：	
审批意见：			
中心主任签名：		日期：	

文件审查记录

文件编号：SHWGCLAB-RD04-02

编号	文件名称	审查日期	审查人	审查结果

管理体系文件清单

文件编号：SHWGCLAB-RD04-03

序号	文件编号	文件名称	数量	入库日期	保管人签收

文件发放/回收单

文件编号：SHWGCLAB-RD04-04

序号	文件编号	文件名称	领取日期	领取人签收	回收日期	回收人签收

文件报废单

文件编号：SHWGCLAB-RD04-05

文件名称		文件编号	
报废理由：			
申请人：		日期：	
中心副主任批准意见：			
签名：		日期：	

文件更改或再版申请

文件编号：SHWGCLAB-RD04-06

文件名称		文件编号	
更改或再版的原因：			
更改前与更改后条款的对照：			
申请人：		日期：	
所在科室意见：			
签名：		日期：	
中心领导意见：			
签名：		日期：	

文件借阅/复制申请表

文件编号：SHWGCLAB-RD04-07

借阅/复制事由：			
申请人：		日期：	
借阅/复制科室意见：			
负责人：		日期：	
借阅/复制审批意见：			
中心领导审批：		日期：	
说明：本中心以外人员借阅/复制检定、校准和检测仪器(物品)档案时，必须获得该仪器(物品)的所有权的客户同意，中心领导才能批准。根据工作需要，本中心员工可以把借阅的技术档案带出档案室，借阅时间不得超过2周。			

文件借阅登记表

文件编号:SHWGCLAB-RD04-08

序号	日/月	查阅		编号和名称	数量 卷件	归还 日/月	签收人	备注
		单位	姓名					

文件销毁登记表

文件编号:SHWGCLAB-RD04-09

序号	资料名称	份数	备注
中心副主任批准		销毁人		销毁日期	

9.2 资料及其归档管理程序(SHWGCLAB-PD34-18)

9.2.1 目的

对本中心检定、校准和检测资料归档工作进行控制,确保检定、校准和检测资料完整、齐全(本程序中"检测"包括检定/校准和检测)。

9.2.2 范围

适用于本中心所进行的全部"检测"工作资料的归档。

9.2.3 职责

(1)中心主任批准档案资料的借阅。
(2)中心副主任批准确认文件的销毁。
(3)实验室资料档案管理员负责实验室资料档案的管理。
(4)样品管理员负责送"检测"仪器(物品)的交接以及仪器(物品)的合同、登记资料的档案管理。
(5)标准与技术发展科资料档案管理员负责质量记录的档案管理。

9.2.4 工作程序

9.2.4.1 资料及其分类

(1)本中心的资料有纸质和电子两种。
(2)文件资料:国家、地区、部门有关"检测"工作的政策、法令、文件、法规和规定上级部门和本中心来往的文件,以及本中心内部使用文件。
(3)技术资料:产品技术标准、相关标准、参考标准,检定规程、规范、大纲、细则、操作规程和方法,计量标准资料,仪器(物品)说明书、合格证,仪器(物品)、仪表、设备的验收、维修、使用、降级和报废记录,仪器(物品)、设备明细表和台账,产品图纸、工艺文件,以及本中心管理体系文件等。
(4)业务管理资料:各科室在其业务管理中形成的资料信息。
(5)"检测"资料:"检测"合同及其洽谈和签署期间提供的相关资料,仪器(物品)登记、原始数据及其证书/报告。

9.2.4.2 资料管理

(1)本中心的资料以谁主管谁负责的原则进行管理。
(2)文件资料由标准与技术发展科进行管理,每年归档一次,移交档案时由归档人填写SHWGCLAB-RD34-01《资料归档登记表》并签字。
(3)技术资料管理要求
①产品技术标准、相关标准、参考标准,检定规程、规范、大纲、细则、操作规程和方法等技术资料由标准与技术发展科资料档案管理员收集、发放、管理和归档。

②本中心计量标准资料由相关实验室负责人管理,考(复)核资料在考(复)核完成后及时归档。

③仪器(物品)说明书、合格证,仪器仪表、设备的验收、维修、使用、降级和报废记录等技术资料由各实验室对应设备管理员管理并归档。

④本中心计量标准和配套设备明细表或台账,以及检定或校准证书或报告由各实验室资料档案管理员管理并归档,需要时检定或校准证书或报告的复印件发至工作现场,供相关人员使用。

⑤产品图纸、工艺文件由对应的项目负责人管理并归档。

(4)质量资料管理要求

①本中心管理体系文件由标准与技术发展科资料档案管理员发放、管理和归档。

②内部审核、管理评审和其他质量管理资料由标准与技术发展科资料档案管理员管理并归档。

(5)"检测"资料管理要求

①实验室资料档案管理员负责日常原始记录和证书/报告副本的整理,每年年初将上一年的原始记录装订成册与数据电子资料(证书/报告副本)一起归档保存。

②仪器的合同及其洽谈和签署期间提供的相关资料,仪器登记等由样品管理员管理并归档。

9.2.4.3 档案管理

(1)档案由相关科室按相关法律、法规和管理制度的要求进行管理。

(2)档案借阅时需填写 SHWGCLAB-RD04-08《文件借阅登记表》后方可借阅。

(3)本中心以外人员借阅/复制"检测"仪器(物品)档案时,必须获得该仪器(物品)所有权的客户同意,并填写 SHWGCLAB-RD04-07《文件借阅/复制申请表》,由相关科室负责人确认签字,经中心主任批准后,由相关科室人员向资料档案保管员借阅。

(4)根据工作需要,本中心员工可以把借阅的技术档案带出档案室,借阅时间不得超过 2 周,测量设备的说明书可以长期借出,保存在该设备的操作室。

(5)档案的借阅、归还都要进行登记。

9.2.4.4 档案资料保管期限

(1)应长期保存的资料有:

①国家、地区、部门有关"检测"工作的政策、法令、文件、法规和规定。

②产品技术标准、相关标准、参考标准。

③检定规程、校准规范、标准、大纲、细则、操作规程和方法。

④计量标准档案和人员档案。

⑤仪器(物品)说明书、合格证、仪器仪表、设备的验收、维修、使用、降级和报废记录。

⑥仪器(物品)、设备明细表和台帐。

⑦产品图纸、工艺文件及其他技术文件。

(2)各类"检测"原始记录,证书/报告副本,保管期至少为 6 年。

(3)反馈意见及处理结果,保管期至少为 6 年。

(4)证书/报告发放登记本,保管期至少为 6 年。

9.2.4.5 档案资料的销毁

过了保管期限的资料档案,可根据本中心档案室的容量确定是否销毁,销毁时由中心副主任批准确认,并填写 SHWGCLAB-RD04-09《文件销毁登记表》。

9.2.5 相关文件

SHWGCLAB-PD33-18《检定/校准证书和检测报告管理工作程序》。

9.2.6 质量记录

SHWGCLAB-RD34-01《资料归档登记表》;
SHWGCLAB-RD04-07《文件借阅/复制申请表》;
SHWGCLAB-RD04-08《文件借阅登记表》;
SHWGCLAB-RD04-09《文件销毁登记表》。

9.2.7 文件修改记录

修订说明	修订页数	修订日期	批准

资料归档登记表

文件编号:SHWGCLAB-RD34-01

序号	资料名称	份数	备注

归档人	移交人	归档日期

9.3 风险评估和风险控制程序(SHWGCLAB-PD40-18)

9.3.1 目的

当中心检验检测活动涉及风险评估和风险控制领域时,应建立和保持相应识别、评估、实施的管理体系文件,并提出对风险的应急措施,消除安全隐患,保证检验检测质量制定本程序。

9.3.2 范围

适用于中心检验检测的全过程。

9.3.3 职责

(1)质量负责人负责风险识别、控制和管理。
(2)各检测部门识别检验检测活动中可能发生的风险,制定风险评估和控制方案。
(3)各部门识别管理工作中可能发生的风险,制定风险评估和控制方案。
(4)检测部门收集汇总,组织各部门制定应急预案并实施。

9.3.4 工作程序

(1)质量负责人应持续不断地识别公司公正性的风险。这些风险可能源于其自身的活动、各种关系,或者源于其工作人员的关系。如果公司识别出公正性的某类风险,则公司应能够证明其如何消除或将此类风险降至最低。

(2)质量负责人至少每年对公司的公正性进行一次审查。发现公正性风险及时采取措施,排除风险或将风险降到最低。

(3)各检测部门负责人组织对其部门可能引发的检验检测风险和新出现的、变化的风险进行了评估并对由此引发的责任做出充分安排。

(4)各部门负责人组织对其部门可能引发的管理风险和新出现的、变化的风险进行了评估并对由此引发的责任做出充分安排。

(5)检测部门收集汇总,组织各部门制定应急预案并实施。

(6)合同评审。样品接收,检验检测,结果报告,全过程都可能产生风险,质量负责人应及时组织各部门识别风险,控制管理风险,以防止风险发生,或把风险降到最低。

9.3.5 质量记录

SHWGCLAB-RD40-01《风险记录表》;
SHWGCLAB-RD40-02《风险监控表》;
SHWGCLAB-RD40-03《风险和机遇评估分析表》;
SHWGCLAB-RD40-04《组织内外部环境要素识别表》;
SHWGCLAB-RD40-05《风险控制计划表》。

9.3.6 文件修改记录

修订说明	修订页数	修订日期	批准

风险记录表

文件编号：SHWGCLAB-RD40-01

序号	发生场所或活动	风险描述	影响描述	风险严重度	风险发生率	风险指数	责任人/部门

分析人： 　　　　　　　　　　　　　　　日期：　　年　　月　　日

风险监控表

文件编号：SHWGCLAB-RD40-02

序号	风险源	建议采取的风险规避计划	采取措施	责任人	验证效果

编制人：　　　　　　　　　审核人：　　　　　　　　　批准人：

风险和机遇评估分析表

文件编号：SHWGCLAB-RD40-03

类别：□质量　　□环境　　□过程

序号	风险和机遇来源（内部/外部）	风险和机遇内容	风险分析				管理措施	责任部门或人	实施时间	评价措施有效性
			严重程度	发生频率	风险系数	风险等级				
1										
2										

评价：　　　　　　　　　审核：　　　　　　　　　批准：

9.4 实施纠正措施程序(SHWGCLAB-PD12-18)

9.4.1 目的

实验室制定本程序文件并规定相应的权力，以便在识别出不符合工作和对管理体系或技术运作中的政策和程序的偏离后，实施纠正措施。

9.4.2 范围

适用于实验室管理体系运行或技术运作中出现的问题所采取的纠正措施。

9.4.3 职责

9.4.3.1 中心主任（中心副主任）

（1）主持制定实施纠正措施的政策和程序。
（2）规定相关岗位实施纠正措施的责任和职权。
（3）批准严重不符合纠正措施。
（4）落实纠正措施必要的资源。

9.4.3.2 质量负责人

（1）负责归口管理纠正措施实施。
（2）组织质量监督员、内审员识别和确认管理体系及其运行中存在的偏离政策和程序的不符合问题。
（3）指导不符合工作的原因分析和制定纠正措施。
（4）审核、批准纠正措施。
（5）组织协调和跟踪纠正措施的实施。
（6）负责维护本程序文件的有效性。

9.4.3.3 技术负责人

技术负责人负责识别和确认技术运作中存在的偏离政策和程序的不符合问题,组织原因分析和制定、监控纠正措施。

9.4.3.4 各岗位人员

各岗位人员具体实施相应纠正措施,并向质量负责人报告完成的情况。

9.4.3.5 质量监督员和内审员

质量监督员和内审员参与对纠正措施实施活动的监控或验证。

9.4.3.6 标准与技术发展科

标准与技术发展科负责保存所有与纠正措施实施有关的文件和记录。

9.4.4 工作程序

9.4.4.1 纠正措施的启动

(1)发生不符合工作的岗位在收到 SHWGCLAB-RD11-02《不符合工作通知单》或内审 SHWGCLAB-RD15-04《不符合项报告》时,立即启动本程序。

(2)纠正措施启动涉及四个关键要素:

①立即纠正。

②原因分析。

③制定纠正措施。

④举一反三。

9.4.4.2 立即纠正

实验室对所有的不符合立即纠正,并将所采取的纠正填入 SHWGCLAB-RD12-01《不符合项整改措施计划》。纠正是为了消除已发现的不符合所采取的措施,但是并未分析和消除产生不符合的原因。

9.4.4.3 原因分析

(1)纠正措施

纠正措施程序应从确定问题根本原因的调查开始,而一个不符合可以有若干个原因。原因分析是纠正措施程序中最关键有时也是最困难的部分。根本原因通常并不明显,因此需要仔细分析产生问题的所有潜在原因。潜在原因可包括:客户要求、仪器、仪器规格、方法和程序、员工的技能和培训、消耗品、设备及其校准等等。

(2)分析原因

技术负责人和质量负责人应与出现(每个)不符合项的岗位责任人员一起分析产生不符合的原因。分析原因要从管理体系、实施和效果三个方面入手。并将找出的原因填入 SHWG-CLAB-RD12-01《不符合项整改措施计划》。

(3)体系性不符合

SHWGCLAB-RD11-02《不符合工作通知单》或 SHWGCLAB-RD15-04《不符合项报告》中明确指出了不符合 CNAS 认可准则(或相关应用说明)/JJF1069/RB/T214 的条款。实验室可以围绕该条款从两个方面全面而仔细地查找原因:

①除了 CNAS 认可准则(或相关应用说明)该条款明示的要求之外,是否还有"隐含的"要求:

CNAS 相关认可规范文件/JJF1069/资质认定能力评价的要求;

上一级负责人机构或监管机构的要求;

客户的要求等。

当然,是否满足"必须履行"的要求,诸如法律法规、安全、环保等等的要求,也是需要考虑的方面。

②本中心是否结合各实验室的具体情况,将这些要求制订成文件,并达到确保实验室检测结果质量所需的要求。

(4)实施性不符合

如果管理体系文件对该不符合的条款的要求有详尽和可操作性的规定,但是没有得到具体实施。实验室可以围绕该条款从以下方面全面而仔细地查找原因:

①体系文件是否传达至有关人员,并被其理解、获取和执行。

②没有得到具体实施的原因可能是(不限于此):

员工技术能力不够;

员工的工作量和工作压力太大;

检测资源配置不足;

对客户要求和目的认识不清;

缺乏沟通等等。

(5)实施效果不佳

造成不符合的另一个重要原因是体系或文件制定的不够详细和规范,缺乏可操作性。而更深层的原因则是本中心管理层对该不符合条款的理解不到位。

9.4.4.4 纠正措施

(1)需要采取纠正措施时,实验室应对潜在的各项纠正措施进行识别,并选择和实施最可能消除问题和防止问题再次发生的措施。纠正措施应与问题的严重程度和风险大小相适应。实验室应将纠正措施调查所要求的任何变更制定成文件并加以实施。

(2)纠正措施的制定应考虑能从根本上消除不符合工作产生的原因以防止再度发生,同时兼顾经济合理、快捷有效的原则。

(3)技术负责人和质量负责人应与每个不符合项的岗位责任人员针对产生不符合的原因,制定纠正措施,并将纠正措施填入 SHWGCLAB-RD12-01《不符合项整改措施计划》。

(4)对体系性不符合,所制定的纠正措施必须遵循 CNAS 认可准则(或相关应用说明)条款明示的(或/和隐含的)要求,对管理体系文件进行补充、修订或完善。修改后的管理体系文件批准发布后,应安排宣贯,在员工理解的基础上实施。

(5)对实施性不符合,应针对产生的原因制定纠正措施,诸如:

①针对不符合条款,安排相应体系文件宣贯、培训、考核,使员工理解并提高认识。

②在提高认识和深入理解的基础上,再针对不符合的原因进一步地制定纠正措施。

(6)对实施效果不佳的不符合,必须:

①针对不符合条款,应安排对管理层进行培训或安排互动式讨论学习。

②在此基础上,进行补充、完善管理体系文件。修改后的管理体系文件批准发布后,应安

排宣传贯彻,在员工理解的基础上实施。针对不符合条款,安排相应体系文件宣贯、培训、考核,使员工理解并提高认识。

③在提高认识和深入理解的基础上,再针对不符合的原因进一步制定纠正措施。

(7)纠正措施的实施应形成必要的文件,诸如指定负责人员、完成时间等,SHWGCLAB-RD12-01《不符合项整改措施计划》由发生不符合项岗位责任人提出,质量负责人批准。

9.4.4.5 举一反三

(1)举一反三的实质是将纠正措施转换成预防措施,通常包括两个方面:

①对发生不符合的同一岗位的同一问题进行全面检查,是否还有相同不符合。

②对不同岗位的同一问题进行全面或抽样检查,是否存在相同的不符合。

(2)预防措施应记录到 SHWGCLAB-RD12-01《不符合项整改措施计划》。如果存在相同的不符合,必须立即纠正,并采取相同的纠正措施。

9.4.4.6 纠正措施的实施、监控、跟踪验证和关闭

(1)相关人员应严格执行 SHWGCLAB-RD12-01《不符合项整改措施计划》。

(2)技术负责人和/或质量负责人/质量监督员/内审员对纠正措施的实施给予有效的监控,跟踪验证实施情况。当监控中发现纠正措施动作迟缓时,应即时了解存在的问题:

①由于工作量大、时间太紧的情况,应当就资源配置等问题给予积极合理的解决。

②如涉及母体组织必要条件支持与协作不到位的,及时协助沟通。

③对执行不力者,要对其进行必要的教育和批评。

(3)每实施完成 SHWGCLAB-RD12-01《不符合项整改措施计划》中的一项不符合项的整改,跟踪验证人员应就不符合项的纠正、原因分析、整改措施(包括纠正措施、预防措施)及其实施等几个步骤进行评价,只有在确认纠正措施有效之后,才能关闭该不符合项。原则上,谁开具不符合项谁进行跟踪验证,并将跟踪验证的评价记入 SHWGCLAB-RD12-01《不符合项整改措施计划》。

9.4.4.7 附加审核

在纠正措施实施并确认了纠正措施的有效性之后,如果发现该不符合工作造成的后果可能对检测业务有危害时,本中心有必要进行附加审核,并执行 SHWGCLAB-PD15-18《内部审核管理程序》。

9.4.4.8 归档

标准与技术发展科资料档案管理员归档保存所有纠正活动的记录。

9.4.5 相关程序

SHWGCLAB-PD11-18《不符合工作的控制程序》;
SHWGCLAB-PD12-18《实施预防措施程序》;
SHWGCLAB-PD15-18《内部审核管理程序》。

9.4.6 质量记录

SHWGCLAB-RD11-02《不符合工作通知单》;
SHWGCLAB-RD12-01《不符合项整改措施计划》;

SHWGCLAB-RD15-04《不符合项报告》。

9.4.7 文件修改记录

修订说明	修订页数	修订日期	批准

不符合项整改措施计划

文件编号:SHWGCLAB-RD12-01

序号	准则条款	不符合项描述	整改措施	完成时间	责任人	验证人
			纠正： 纠正措施： 举一反三：			
			纠正： 纠正措施： 举一反三：			
			纠正： 纠正措施： 举一反三：			
			纠正： 纠正措施： 举一反三：			
			纠正： 纠正措施： 举一反三：			
			纠正： 纠正措施： 举一反三：			
			纠正： 纠正措施： 举一反三：			
			纠正： 纠正措施： 举一反三：			

9.5 实施预防措施程序(SHWGCLAB-PD13-18)

9.5.1 目的

为消除管理体系中或技术操作中潜在不符合(合格)或其他不期望情况的原因,进行原因分析并采取必要的控制措施,以减少这种不符合(合格)工作发生的可能性并充分利用改进的机会(本程序中"检测"包括检定/校准和检测)。

9.5.2 范围

适用于本中心在"检测"的全过程中实施预防措施。

9.5.3 职责

(1)中心主任(中心副主任)负责对重大技术改进、设备更新以及管理体系中的预防措施进行审批。

(2)质量负责人负责组织识别潜在的不符合(合格)或其他不期望情况、分析其原因、提出预防措施,并组织实施。对管理体系中的预防措施进行审核。

(3)技术负责人负责对重大技术改进、设备更新等有关发展问题的预防措施进行审核。

(4)标准与技术发展科归口管理预防措施,负责对预防措施进行评审和监控以及记录/资料和档案的管理工作。

(5)实验室负责协助识别潜在的不符合(合格)或其他不期望情况、分析其原因、提出预防措施,并实施和验证。

9.5.4 工作程序

9.5.4.1 潜在不符合(合格)的识别

(1)当潜在的不符合或偏离可能发生时,相关部门和人员应识别潜在的不符合,及时采取有效的预防措施,并对实施结果跟踪验证,预防措施过程见图9.1。

(2)潜在不符合(合格)或偏离的识别和提出从以下几方面识别潜在不符合(合格)或偏离,寻求改进机会。

①内部审核报告和管理评审报告。
②外部审核报告中的观察项。
③管理和监督人员的工作报告。
④"检测"结果质量控制的相关结果分析或趋势分析。
⑤实验室比对和能力验证的结果分析以及风险分析。
⑥客户调查和反馈的信息。
⑦纠正、预防、改进措施的执行记录等。

9.5.4.2 确定潜在不符合(合格)

各科室要从技术和质量管理两个方面着手,根据上级主管部门和客户的需要和期望,对

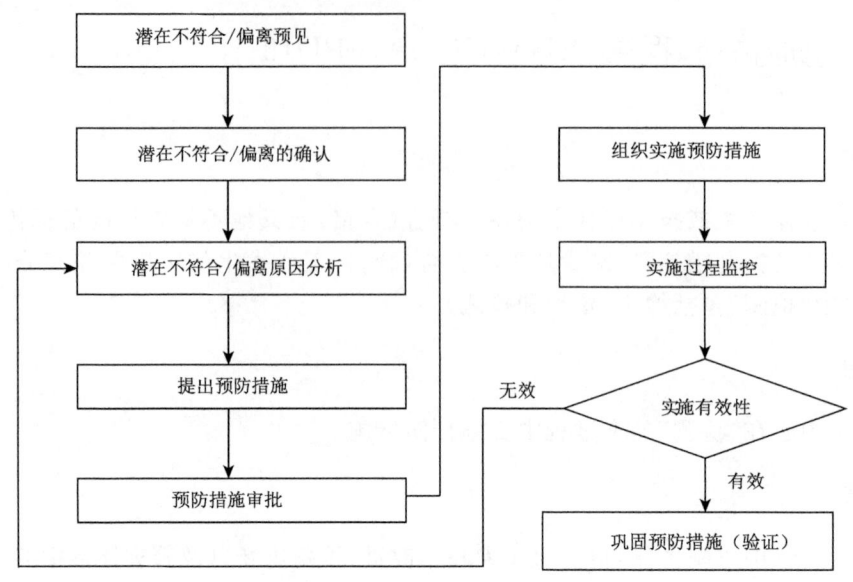

图 9.1 实施预防纠正措施流程图

"检测"等市场的分析、操作条件失控的早期预报等,对潜在不符合(合格)或其他不期望情况进行分析,将发现的潜在不符合(合格)项填入 SHWGCLAB-RD13-01《潜在不符合(合格)调查分析记录》,确认潜在不符合(合格)项目。

9.5.4.3　确定预防措施

(1)制定预防措施

各科室针对潜在不符合(合格),论证和选择解决方案,策划确定切实可行的预防措施,通过对潜在不符合(合格)的各种因素的分析、评价,制定预防措施。

(2)评审预防措施

技术负责人或质量负责人组织标准与技术发展科对预防措施进行评审。对涉及重大技术改进、设备更新等有关发展问题的预防措施,由技术负责人组织评审,并报请中心主任批准。

9.5.4.4　预防措施的实施和验证

(1)实施预防措施

①由标准与技术发展科组织并落实经评审和批准的预防措施,具体实施由相关科室负责。

②SHWGCLAB-RD13-02《预防措施处理单》由责任部门负责人签字,经标准与技术发展科审核后,报质量负责人或技术负责人批准。

③批准后的预防措施由责任部门/单位在规定期限内完成,并执行 SHWGCLAB-PD34-18《资料及其归档管理程序》保存有关的实施记录。

(2)验证预防措施

①标准与技术发展科组织对预防措施的有效性进行验证。

②当验证结果不符合要求或到期后措施未完成的,重新执行本程序。

③若预防措施的实施需对程序文件、作业性文件进行修改时,由标准与技术发展科负责组织有关部门进行修改,具体执行 SHWGCLAB-PD04-18《文件控制程序》。

（3）验证实施结果

实施预防措施后，标准与技术发展科应按照 SHWGCLAB-PD15-18《内部审核管理程序》中纠正或预防措施的跟踪验证的要求对实施的结果进行监控，验证实施效果以确保其有效性和适用性。

9.5.4.5 资料管理和归档

预防措施资料按 SHWGCLAB-PD34-18《资料及其归档管理程序》的要求进行管理和归档。

9.5.5 相关文件

SHWGCLAB-PD04-18《文件控制程序》；
SHWGCLAB-PD15-18《内部审核管理程序》；
SHWGCLAB-PD34-18《资料及其归档管理程序》。

9.5.6 质量记录

SHWGCLAB-RD13-01《潜在不符合（合格）调查分析记录》；
SHWGCLAB-RD13-02《预防措施处理单》。

9.5.7 文件修改记录

修订说明	修订页数	修订日期	批准

潜在不符合（合格）调查分析记录

文件编号：SHWGCLAB-RD13-01

潜在不符合（合格）项名称	调查分析记录	调查分析参加人员	备注
记录人		日期	

预防措施处理单

文件编号：SHWGCLAB-RD13-01

发出者	□质量负责人　□技术负责人　□部门		
责任部门		配合部门	
不符合事实陈述/可能发生的不符合预见：			
责任部门负责人：			
提出人：		日期：	
原因分析/潜在原因分析：			
责任部门负责人：			
原因分析人员：		日期：	
拟采取的预防措施：			
责任部门负责人：			
批准人（中心主任）：		日期：	
完成情况：			
责任部门负责人：		日期：	
验证结果：			
验证人：		日期：	
备注：			

9.6 内部审核管理程序(SHWGCLAB-PD15-18)

9.6.1 目的

验证管理体系是否持续符合 CNAS-CL01《检测和校准实验室能力认可准则》、CNAS-CL01-A025:2018《实验室认可准则在校准实验室的应用说明》与 CNAS 相关认可规范文件、RB/T 214-2017《检验检测机构资质认定能力评价 检验检测机构通用要求》以及 JJF1069《法定计量检定机构考核规范》,管理体系是否得到有效实施、保持和改进(本程序中"检测"包括检定/校准和检测)。

9.6.2 范围

适用于实验室管理体系所覆盖的所有要素、活动场所、部门和岗位。

9.6.3 职责

9.6.3.1 中心主任

(1)批准 SHWGCLAB-RD15-01《内部审核计划》、SHWGCLAB-RD15-02《内部审核实施计划》和 SHWGCLAB-RD15-05《内部审核报告》。

(2)确保内部审核所需的资源。

(3)选择和任命内部审核组长和内审员。

9.6.3.2 中心副主任

(1)负责审核 SHWGCLAB-RD15-01《年度内部审核计划》、SHWGCLAB-RD15-02《内部审核实施计划》和 SHWGCLAB-RD15-05《内部审核报告》。

(2)批准 SHWGCLAB-RD15-03《内部审核检查表》。

9.6.3.3 质量负责人

(1)负责维护本文件的有效性。

(2)负责策划和实施管理体系内部审核工作。

(3)制定 SHWGCLAB-RD15-01《年度内部审核计划》。

(4)向中心主任报告内部审核结果。

9.6.3.4 标准与技术发展科

(1)协助质量负责人编制 SHWGCLAB-RD15-01《年度内部审核计划》,并配合组织、协调内部审核实施工作。

(2)负责内部审核的日常管理以及资料、记录的保管。

9.6.3.5 内部审核组长

内部审核组长负责编制并实施本次 SHWGCLAB-RD15-02《内部审核实施计划》,编写管理体系 SHWGCLAB-RD15-05《内部审核报告》。

9.6.3.6 内审员

内审员根据审核组长分配的任务负责开展内部审核工作。

9.6.3.7 实验室和相关人员

实验室和相关人员积极配合内部审核组开展审核工作。

9.6.4 工作程序

9.6.4.1 年度内部审核计划

(1)根据受审核区域及其活动的状况和重要程度,并根据以往审核结果和管理层的需要,年初质量负责人策划本中心年度审核方案,编制 SHWGCLAB-RD15-01《年度内部审核计划》,确定审核范围、频次和方法,经中心副主任审核后,报中心主任批准。本中心内部审核12个月一次,要求覆盖本中心管理体系的所有要素和所有科室岗位。

(2)出现以下情况时,由质量负责人策划并上报中心主任批准,及时组织附加内审:

①组织机构、管理体系发生重大变化。

②出现重大质量事故,或客户对某一环节连续投诉。

③发生严重不符合"检测"工作或偏离本中心的政策、程序时,法律、法规、技术标准/规范/规程及其他外部要求的变化。

④在接受第二方、第三方审核之前。

9.6.4.2 内部审核准备

(1)由中心主任任命具有内审员资格的合适人选组成审核组,并任命审核组长。本中心审核组长一般由质量负责人担任。

(2)审核组长负责本次内部审核的具体组织实施工作,只要人力资源允许,安排审核任务时要尽可能注意内审员与受审核方的回避原则。

(3)审核组长组织审核组成员编制本次 SHWGCLAB-RD15-02《内部审核实施计划》,经中心副主任审核后,上报中心主任批准。实施计划内容包括:

①审核目的、范围和依据。

②审核组成员及分工。

③说明受审核科室与审核要点。

④内审所需文件和资源准备。

⑤首次/末次会议时间安排,以及审核日程安排等。

(4)在了解受审核科室的具体情况后,审核组长组织编写 SHWGCLAB-RD15-03《内部审核检查表》,检查表要详细列出审核项目、依据、方法。检查表经审核组长审核后,由中心副主任批准,力求无遗漏,以保证审核能够顺利进行。

(5)标准与技术发展科配合组织、协调内部审核实施工作。提前十天向受审核科室发出 SHWGCLAB-RD15-02《内部审核实施计划》,并将 SHWGCLAB-RD15-03《内部审核检查表》提供给各内审员。

(6)受审核科室接到 SHWGCLAB-RD15-02《内部审核实施计划》后,如对审核安排有异议,可在三天前通知标准与技术发展科,通过协商调整审核计划,做好必要的内部审核准备工作,并确定陪同人员(如有必要)。

(7)内审员需经实验室认可咨询机构培训、考试合格获得内部内审员证书,经本中心任命后方能担任。

9.6.4.3 内部审核实施

(1)预备会议

参加会议人员:内审组成员。

会议主持人:审核组长。

会议内容:对内审员进行适当培训,重点是审核依据,包括认可准则及相关应用说明、相关认可规范文件、资质认定能力评价、机构考核规范等。

(2)首次会议

参加会议人员:本中心管理层、内审组成员、标准与技术发展科成员。

会议主持人:审核组长。

会议记录:标准与技术发展科。

会议内容:由审核组长介绍内部审核目的、范围、依据、方式、日程安排及有关事项。

(3)现场审核

审核组成员按照内部审核计划展开内审工作,并根据 SHWGCLAB-RD15-03《内部审核检查表》的具体内容进行检查。

①审核过程中内审员应公正、客观、实事求是。

②内审员及时记录内审中发现的问题,其中记录的不符合项的客观证据,要当场与该项工作的主管或当事人进行确认,以保证让受审核的科室所理解和接受,便于纠正。

③内审员及时记录内审中发现的潜在不符合问题,通知受审核科室负责人,并报告审核组长。

④内部审核组长需每天召开内审会议,及时交流和了解当天审核情况。在召开内部审核组会议上,对不符合项进行评审。

(4)不符合项报告

①审核组长在现场审核结束后、末次会议之前召开审核组会议,依据实验室认可标准(准则)、机构考核规范、资质认定能力评价、管理体系文件、有关法律法规及技术标准/规范/规程要求,必要时还要依据"检测"合同的要求,确认不符合项,将 SHWGCLAB-RD15-04《不符合项报告》提交给受审核科室,并讨论内部审核结论。不符合项报告内容包括:

受审核科室、时间;

不符合项陈述、不符合类型;

责任科室确认;

原因分析和纠正/预防措施的要求;

纠正或预防措施的评审和验证等。

现场审核结束前应完成其中三项。

②审核组与受审核方负责人交换意见,汇报内审情况,提出不符合项,并听取受审核方意见。如受审核方有异议,必须认真考虑,必要时应进一步核实。如果受审核方的意见正确,应及时撤销相关不符合项。

(5)纠正或预防措施的跟踪验证

①各责任科室接到 SHWGCLAB-RD15-04《不符合项报告》后,按要求分析原因并制定实施纠正或预防措施计划,责任科室负责人和内审员确认签字后报审核组。重大的纠正或预防措施计划需经质量负责人审核,报中心主任批准。

②纠正措施必须确定责任科室、责任人、完成日期和验证人员。

③内审员按预定日期对纠正或预防措施实施情况进行跟踪检查,验证其有效性,在SHWGCLAB-RD15-05《不符合项报告》中填写验证评价。原则上谁开具不符合项报告谁负责跟踪验证,特殊情况可由质量负责人另行授权,但需保证跟踪验证人员了解有关审核背景。

④如果在规定时间内未完成或未达到预期效果的,审核组长向质量负责人报告,并发出纠正和预防措施处理单,按SHWGCLAB-PD12-18《实施纠正措施程序》和SHWGCLAB-PD13-18《实施预防措施程序》执行。

⑤每个不符合项报告的纠正或预防措施得到有效验证后才能关闭该不符合项。

⑥如果不符合项可能影响到本中心"检测"的结果,则应书面通知客户。

(6)内部审核报告

①在末次会议前召开的审核组总结会上,审核组长口头宣布内部审核报告,末次会议后再发布正式文件。

现场审核结束后一周内,标准与技术发展科配合审核组长编写SHWGCLAB-RD15-05《内部审核报告》,中心副主任审核后报中心主任批准。标准与技术发展科将内部审核报告登记和发放给技术负责人、质量负责人、受审核科室和相关人员。内部审核报告内容包括:

审核目的、范围、依据和日期;

内部审核主要参加人员;

内部审核综述(管理体系运行情况评价、不符合项统计与分析和成效及改进建议);

整改措施要求;

内部审核不符合项分布表;

内部审核首次/末次会议签到表等。

②内部审核综述

审核综述就下述事项得出结论:

在审核范围内,管理体系和技术运作是否符合审核依据要求;

在审核范围内,管理体系和技术运作是否得到有效实施;

本中心实验室是否具有充分的技术能力提供相应的"检测"能力;

提供文件审查情况。

(7)末次会议

①参加会议人员:本中心管理层、内部审核组成员、各科室负责人、相关科室人员及标准与技术发展科成员。与会人员签到,并填写SHWGCLAB-RD15-06《签到表》。

②会议由审核组长主持,标准与技术发展科人员做记录,并整理会议纪要。

③会议内容:由审核组长重申内部审核目的,宣读不符合报告(如数量较多,可扼要介绍);提出纠正或预防措施要求及完成日期;口头宣布内审报告。

④相关人员讲话。

⑤中心主任讲话。

9.6.4.4 文件的保存

内部审核工作全部结束后,审核组长应执行SHWGCLAB-PD04-18《文件控制程序》,列出内审相关的所有资料、文件和记录清单,并移交标准与技术发展科保存。

9.6.5 相关文件

SHWGCLAB-PD04-18《文件控制程序》;
SHWGCLAB-PD12-18《实施纠正措施程序》;
SHWGCLAB-PD13-18《实施预防措施程序》;
CNAS-GL011:2018《实验室和检查机构内部审核指南》。

9.6.6 质量记录

SHWGCLAB-RD15-01《年度内部审核计划》;
SHWGCLAB-RD15-02《内部审核实施计划》;
SHWGCLAB-RD15-03《内部审核日程表》;
SHWGCLAB-RD15-04《内部审核检查表》;
SHWGCLAB-RD15-05《不符合项报告》;
SHWGCLAB-RD15-06《内部审核报告》;
SHWGCLAB-RD15-07《签到表》。

9.6.7 文件修改记录

修订说明	修订页数	修订日期	批准

年度内部审核计划

文件编号:SHWGCLAB-RD15-01

条款号/要素名称		一月	二月	三月	四月	五月	六月	七月	八月	九月	十月	十一月	十二月
4 通用要求													
4.1	公正性												
4.2	保密性												
5 结构要求													
6 资源要求													
6.1	总则												
6.2	人员												
6.3	设施和环境条件												
6.4	设备												
6.5	计量溯源性												
6.6	外部提供的产品和服务												
7 过程要求													
7.1	要求、标书和合同评审												
7.2	方法的选择、验证和确认												
7.3	抽样												
7.4	检测或校准物品的处置												
7.5	技术记录												
7.6	测量不确定度的评定												
7.7	确保结果有效性												
7.8	报告结果												
7.9	投诉												
7.10	不符合工作												
7.11	数据控制和信息管理												
8 管理体系要求													
8.1	方式												
8.2	管理体系文件(方式A)												
8.3	管理体系文件的控制(方式A)												
8.4	记录控制(方式A)												
8.5	应对风险和机遇的措施(方式A)												
8.6	改进(方式A)												
8.7	纠正措施(方式A)												
8.8	内部审核(方式A)												
8.9	管理评审(方式A)												

注:"检测"包括检定/校准和检测　　编　制(质量主管):　　　　　日期:

批　准(中心主任):　　　　　日期:

内部审核实施计划

文件编号:SHWGCLAB-RD15-02

1. 内部审核目的:	
2. 性质:	
3. 内部审核范围:	
4. 内部审核的主要依据:	
5. 审核组成员及分工:	
6. 内部审核准备工作:	
7. 审核时间:	
8. 审核要素	

编制人(质量主管):　　　　　　　　　　　日期:
审核人(中心副主任):　　　　　　　　　　日期:
批准人(中心主任):　　　　　　　　　　　日期:

备注:	

内部审核日程表

文件编号:SHWGCLAB-RD15-03

日期	时间	内容
备注		

注:首次会议、末次会议和审核组内部交流地点:
　　送发各内审员、各科室负责人。
　　对本次内审实施计划有意见请在　　月　　日前提出。

内部审核检查表

文件编号:SHWGCLAB-RD15-04

受检查部门: 审核日期:

审核准则		审核抽样内容	审核证据	审核结果
条款号	准则要求			
①	②	③	④	⑤

编制说明:
①"条款号"和②"准则要求"的内容可按 CNAS-CL01 和"实验室认可申请书"的对应条款内容填写。
③"审核抽样内容"栏填写现场审核时,审核员计划检查的"物证"或/和"言证"。例如质量手册、程序文件、作业文件、记录/档案、报告、设施、仪器、检测/管理人员等。
④"审核证据"栏填写审核员在现场查到的"物证"或/和"言证"的内容的概述或提要。例如"质量手册第 X 条第 X 款有相关要求的规定""编号 XXXX 的报告没有注明检测方法"现场使用的 XXXX 文件没有受控标识"等。
⑤"审核结果"栏填写审核员将"审核证据"与"审核准则"对照所作出的符合/不符合判断或结论。

不符合项报告

文件编号:SHWGCLAB-RD15-04

编号: 年/第 次/第 号

受审部门或人员:	陪同人员:
内审员:	审核日期:

不符合事实描述

上述事实构成不符合项:与标准□/手册□/程序□:文件编号及条款:
　　规定不符,要求整改纠正□/观察□。
不符合类型:体系性□/实施性□/效果性□
不符合判定:一般□/严重□(一般情况下,内部审核可不填写)
内审员(签名): 日期: 部门负责人确认: 日期:

不符合原因分析及采取的纠正措施:

计划纠正时限:一周□/两周□/三周□/四周□/约定时间□

部门负责人(签名): 日期: 内审员认可: 日期:

报告纠正措施完成情况:

部门负责人(签名): 日期:

纠正措施跟踪及有效性验证:
满足要求□/需进一步观察□/重新制定纠正措施□
注:如需重新制定纠正措施,内审员和内审组长应向质量负责人报告并发出"纠正和预防措施处理单",按《实施纠正措施程序》《实施预防措施程序》执行。纠正措施得到验证后才能关闭该不符合项。
内审员(或验证人)(签名): 日期:

内部审核报告

文件编号:SHWGCLAB-RD15-05

一、审核目的:
二、审核范围:
三、审核依据:
四、审核日期:
五、审核组成员:
六、内部审核综述: 1　管理体系运行情况评价: 2　不符合项统计与分析:(包括数量、严重程度、存在的问题): 3　成效及改进建议:
七、整改计划及完成情况:
编制人(质量主管):　　　　　　　　　　　　日期: 批准人(中心主任):　　　　　　　　　　　　日期:
备注:

内部审核不符合项分布表

文件编号:SHWGCLAB-RD15-05

部门 条款号/要素名称				
小计(项)				

内部审核文件/资料移交归档清单

文件编号:SHWGCLAB-RD15-06

资料名称		内审资料	移交部门		内审组	接受部门		标准与技术发展科
资料明细表								
序号	名称		编号		份数	单份页数	幅面/形式	备注
移交人			接受人			日期		

签到表

文件编号:SHWGCLAB-RD15-07

会议名称				
会议时间			会议地点	
出席人员	姓名	部门	姓名	部门
会议记录				
记录人				

9.7 管理评审程序(SHWGCLAB-PD16-18)

9.7.1 目的

对本中心管理体系的现状和适应性进行系统评价,保证管理体系持续有效地满足CNAS认可准则/JJF1069/资质认定能力评价以及广大客户和社会各界的要求,并不断寻求质量改进的机会,确保本中心管理体系的适宜性、充分性、有效性和完整性(本程序中"检测"包括检定/校准和检测)。

9.7.2 范围

适用于本中心管理层对管理体系和全部"检测"活动的评审,包括质量方针和目标(指标)的评审。

9.7.3 职责

9.7.3.1 中心主任

(1)负责主持管理评审会议;批准 SHWGCLAB-RD16-01《管理评审计划表》、SHWGCLAB-RD16-03《整改措施计划表》和 SHWGCLAB-RD16-04《管理评审报告》。

(2)提供质量方针和质量目标实施情况报告。

9.7.3.2 中心副主任

(1)协助中心主任做好管理评审前的组织工作。

(2)审核 SHWGCLAB-RD16-01《管理评审计划表》、SHWGCLAB-RD16-03《整改措施计划表》和 SHWGCLAB-RD16-04《管理评审报告》。

9.7.3.3 质量负责人

(1)负责维护本程序的有效性。

(2)制定 SHWGCLAB-RD16-01《管理评审计划表》。

(3)负责向中心主任报告内部审核结果和管理体系运行情况,提出改进建议,编写 SHWGCLAB-RD16-04《管理评审报告》。

(4)负责整改措施实施后的跟踪与验证工作。

9.7.3.4 技术负责人

(1)组织准备管理评审所需的技术资料。

(2)负责提供本中心"检测"能力和资源情况报告。

(3)负责提供本中心"检测"机构质量监控报告等。

(4)制定与技术运作有关的附加 SHWGCLAB-RD16-01《管理评审计划表》。

9.7.3.5 标准与技术发展科

(1)负责管理评审的归口管理,协助质量负责人制定与质量管理相关的 SHWGCLAB-RD16-01《管理评审计划表》和编写 SHWGCLAB-RD16-04《管理评审报告》。

(2)协助质量负责人收集和提供与质量管理相关的管理评审所需的资料,如客户的要求与投诉、市场需求信息等。

(3)负责准备并提供本部门主管的质量要素实施情况报告,制定并实施直接与本部门有关的整改措施。

(4)涉及管理评审的记录/资料和档案的管理工作。

9.7.3.6 实验室负责人

(1)负责准备并提供本实验室的质量管理及技术运作的实施情况报告。

(2)制定/实施直接与本实验室有关的整改措施。

9.7.4 工作程序

9.7.4.1 管理评审计划

(1)通常,管理评审每年(12个月)进行一次(年度管理评审),安排在年底内部审核之后,对该年度的管理体系运行情况进行系统评价。标准与技术发展科协助质量负责人制定与质量管理相关的 SHWGCLAB-RD16-01《管理评审计划表》。

(2)年度管理评审计划内容包括:

①评审目的。

②参加评审科室/人员。

③评审内容。

④评审的准备工作要求。

⑤评审时间安排等。

(3)在下列情况下,由中心主任适时提出进行附加的专题管理评审:

①本中心组织结构、"检测"任务、资源发生重大变化与调整时。

②发生重大质量事故或相关方连续投诉时。

③法律、法规、标准(包括技术标准/规范/规程)及其他外部要求发生变化时。

④中心主任认为有必要时,如本中心认可认定之前或之后、机构考核之前或之后、监督评审之前或之后等。

附加管理评审计划的内容参照年度 SHWGCLAB-RD16-01《管理评审计划表》,但内容一般针对 9.7.4.1(3)中某一具体事项。

9.7.4.2 管理评审的内容(输入)

管理评审的内容包括:

(1)前次管理评审中发现的问题。

(2)质量方针、中期和长期目标。

(3)质量和运作程序的适宜性,包括对体系(包括质量手册)修订的需求。

(4)管理和监督人员的报告。

(5)前次管理评审后所实施的内部审核的结果及其后续措施。

(6)纠正措施和预防措施的分析。

(7)认可机构监督访问和评审的报告,以及组织所采取的后续措施。

(8)来自客户或其他审批机构的审核报告及其后续措施。

（9）组织参加能力验证或实验室间比对的结果的趋势分析，以及在其他"检测"领域参加此类活动的需求。

（10）内部质量控制检查的结果的趋势分析。

（11）当前人力和设备资源的充分性。

（12）对新工作、新员工、新设备、新方法将来的计划和评估。

（13）对新员工的培训要求和对现有员工的知识更新要求。

（14）对来自客户的投诉以及其他反馈的趋势分析。

（15）改进和建议。

9.7.4.3 管理评审准备

（1）标准与技术发展科协助质量负责人编制年度SHWGCLAB-RD16-01《管理评审计划表》，中心副主任审核后提交中心主任批准。将批准后的计划分发到各科室，各科室负责人和相关人员应准备并提交与本室工作有关的管理评审所需资料（包括员工的合理化建议）和SHWGCLAB-RD16-06《管理体系运行及技术能力维持状况自查表》。

（2）标准与技术发展科协助质量负责人将各室准备的资料进行收集、整理，并根据收集的资料制定年度管理评审的具体内容。经中心副主任审核，提交中心主任批准后，将管理评审会议时间、地点、参加人员、评审内容以SHWGCLAB-RD16-02《管理评审通知单》的形式发放给参加管理评审的人员，并附上本次评审的有关资料。

（3）中心主任提出专题管理评审要求时，视评审内容责成质量负责人或技术负责人适时制定专题SHWGCLAB-RD16-01《管理评审计划》：

①与技术运作有关的专题管理评审由技术负责人负责，各专业实验室协助配合。

②与质量管理和支持服务有关的专题管理评审由质量负责人负责，标准与技术发展科协助配合。

（4）与专题管理评审有关的各科室负责人和相关人员签收到专题SHWGCLAB-RD16-01《管理评审计划》后，按要求准备和提供专题管理评审所需资料。

9.7.4.4 管理评审会议

（1）中心主任或其授权人主持会议，召集的各科室负责人和有关人员参加并签到，指定人员做记录，并整理会议纪要，填写SHWGCLAB-RD16-05《会议记录表》。

（2）质量负责人汇报本中心管理体系运行和支持服务情况，技术负责人汇报本中心技术运作和"检测"活动情况，各有关科室按SHWGCLAB-RD16-01《管理评审计划表》的要求作专项报告或书面报告。

（3）参加会议人员对SHWGCLAB-RD16-02《管理评审通知单》的评审内容进行逐项评审。

（4）中心主任对所涉及的评审内容做出结论，对本中心管理体系持续的适宜性、充分性和有效性做出评价。对评审后的改进活动提出明确要求，包括体系、方针、目标、资源是否需要调整。提出相应的整改措施和要求，并执行SHWGCLAB-PD12-18《实施纠正措施程序》和SHWGCLAB-PD13-18《实施预防措施程序》。落实责任科室、限定完成日期。适宜时，对本中心下一阶段的重点工作作出安排。

9.7.4.5 管理评审报告

(1)标准与技术发展科协助质量负责人编制 SHWGCLAB-RD16-04《管理评审报告》,中心副主任审核后提交中心主任批准,分发到相应科室/人员。

(2)管理评审报告内容包括:评审日期、参加人员;评审目的;评审范围;评审依据;评审过程;评审结论;不符合项说明;不符合项整改措施具体建议;下一年度的目标、目的和活动计划等。

9.7.4.6 整改措施的实施与跟踪验证

(1)标准与技术发展科协助质量负责人根据管理评审结果编制 SHWGCLAB-RD12-01《不符合项整改措施计划》,中心副主任审核后提交中心主任批准。责任科室根据 SHWG-CLAB-RD12-01《不符合项整改措施计划》负责实施。质量负责人对整改措施的实施效果进行跟踪验证。

(2)对于专题管理评审,如认可现场评审或机构考核后的附件管理评审,应就整改结果提出整改报告。整改报告的内容包括:整改工作概况、整改措施、跟踪验证和整改结论、整改措施见证材料及其清单等。

9.7.4.7 文件归档保存

管理评审全部结束后,标准与技术发展科执行 SHWGCLAB-PD33-18《资料及其归档管理程序》,列出管理评审相关的所有资料、文件和记录清单,并归档保存,保存期限至少6年。

9.7.4.8 体系文件

由管理评审结果引起的体系文件更改执行 SHWGCLAB-PD04-18《文件控制程序》。

9.7.5 相关文件

SHWGCLAB-PD04-18《文件控制程序》;
SHWGCLAB-PD12-18《实施纠正措施程序》;
SHWGCLAB-PD13-18《实施预防措施程序》;
SHWGCLAB-PD33-18《资料及其归档管理程序》;
CNAS-GL012:2018《实验室和检查机构管理评审指南》。

9.7.6 质量记录

SHWGCLAB-RD16-01《管理评审计划表》;
SHWGCLAB-RD16-02《管理评审通知单》;
SHWGCLAB-RD12-01《不符合项整改措施计划》;
SHWGCLAB-RD16-03《管理评审报告》;
SHWGCLAB-RD16-04《会议记录表》;
SHWGCLAB-RD16-05《管理体系运行及技术能力维持状况自查表》;
SHWGCLAB-RD16-06《管理评审改进措施计划表》。

9.7.7 文件修改记录

修订说明	修订页数	修订日期	批准

管理评审计划表

文件编号：SHWGCLAB-RD16-01

管理评审名称：□年度管理评审　　□附加管理评审（将□填√）	
管理评审目的：	
评审参加部门/人员：	
评审内容：	
评审要求：	
评审时间：	
编制人：	日期：
审核意见：	
中心副主任签字：	日期：
批准意见：	
中心主任签字：	日期：
备注：	

管理评审通知单

文件编号：SHWGCLAB-RD16-02

会议名称：	会议时间：
会议地点：	
评审内容：	
参加人员：	

管理评审报告

文件编号：SHWGCLAB-RD16-03

管理评审目的
管理评审内容：
参加管理评审人员：
管理评审结论：
改进的具体建议：
编制人：　　　　　　　　　　　　　　　日期： 中心副主任审核：　　　　　　　　　　　日期： 中心主任批准：　　　　　　　　　　　　日期：
备注：

会议记录表

文件编号:SHWGCLAB-RD16-04

会议名称				
会议时间			会议地点	
出席人员	姓名	部门	姓名	部门
会议记录				
记录人				

管理体系运行及技术能力维持状况自查表

文件编号：SHWGCLAB-RD16-05

自查内容	自查情况					备注
本认可/授权/认定周期内实验室历次内审和管理评审的情况（包括时间、覆盖面、不符合项情况、纠正措施跟踪验证等）						
本认可/授权/认定周期内历次 CNAS 评审发现的不符合项以及实验室对这些不符合项制订纠正措施和纠正措施跟踪验证情况（包括历次评审不符合项的数量、分布的要素条款、涉及的内容简述、制订和实施的纠正措施及跟踪验证等）						
本认可/授权/认定周期内管理体系的重大变更情况（包括组织结构、文件化体系、认可校准/检测范围、主要技术人员、仪器设备、环境设施、授权签字人等）						
在本认可/授权/认定周期内实验室参加能力验证/实验室间比对/测量审核的情况	序号					
	能力验证/实验室间比对/测量审核计划名称					
	计划编号					
	参加日期					
	组织方					
	参加项目名称					
	参加结果					
	结果处理状况					
本认可/授权/认定周期内实验室是否受到相关方的申投诉以及对申投诉的处理情况						
本认可/授权/认定周期内实验室对检测和校准结果进行质量保证的情况						
本认可/授权/认定周期内实验室受到 CNAS 处罚情况						
与实验室相关的内外部因素的变化						
质量目标的实现情况						
风险识别的结果						

管理评审改进措施计划表

文件编号：SHWGCLAB-RD16-06

需改进的主要活动及内容	责任部门	完成时间

组织内外部环境要素识别表

文件编号：SHWGCLAB-RD40-04

年度：		类别：□质量　□环境			注：本表格更新时机为任一因素发生变化时。
环境类别（内部/外部）	项目	内容	信息来源	具体现状描述	SWOT分析 S(优势)、W(劣势) O(机遇)、T(风险)
外部环境	1 认可要求				
	2 政策法律环境				
	3 经济环境				
	4 外部服务和供应品				
	5 技术环境				
	6 竞争对手				
	7 竞争力				
内部环境	1 实验室文化				
	2 实验室方针目标				
	3 设施环境因素				
	4 仪器设备因素				
	5 检测方法因素				
	6 体系文件因素				
	7 人力能力因素				
	8 管理体系运营因素				

评价：　　　　　　　　　　审核：　　　　　　　　　　批准：

风险控制计划表

文件编号：SHWGCLAB-RD40-05

序号	风险源	活动场所或过程	可能发生事故	现行控制方法	风险评价

第 10 章 认可标识使用和认可状态声明管理程序(SHWGCLAB-PD37-18)

10.1 目的

为了加强对认可标识的管理,确保 CMA/CNAS 徽标、CMA/CNAS 认可标识的正确使用,维护 CMA/CNAS 和获准认可机构的信誉和利益。

10.2 范围

适用本中心对外在校准证书、检测报告、办公用品、宣传品、网页等认可标识的使用。

10.3 职责

(1)质量负责人负责维护程序的有效性。
(2)技术负责人对认可标识不符合使用进行收集、识别、确认,并对纠正情况进行跟踪验证。
(3)各实验室负责对认可标识不符合使用采取纠正措施的实施。

10.4 工作程序

10.4.1 认可标识使用

(1)认可标识置于校准证书、检测报告首页左上方位置,以蓝色印泥盖上认可标识。
(2)带认可标识的校准证书、检测报告由授权签字人在其授权范围内签发。
(3)签发的校准证书、检测报告的结果全部不在认可范围内时,不允许在校准证书、检测报告上使用认可标识。
(4)签发带认可标识的校准证书、检测报告中包含部分非认可项目时,应清晰标明此项目不在认可范围之内。
(5)签发的带认可标识的校准证书、检测报告中若含有符合某规范、标准或对结果解释的内容时,应作必要的文字说明,并明确所指规范、标准的完整标识或具体条款,以避免客户产生歧义或误解。

(6)签发的带认可标识的校准证书、检测报告中包含意见或解释时,意见或解释获得CMA/CNAS认可,且意见或解释依据的校准、检测结果也应获得CMA/CNAS认可,若意见或解释不在认可范围之内,应在校准证书、检测报告上予以注明。不在认可范围内的意见或解释应签发单独不带认可标识的校准证书、检测报告。

(7)若签发的校准证书被用于检测实验室、GB/T19001/ISO9001质量管理体系认证的组织建立测量溯源体系时,其校准证书应带有认可标识。

(8)本中心不得将认可标识用于被校准/检测仪器(物品)或产品上,使客户误认为产品已获得认证。

10.4.2 认可标识在校准标签上的使用

(1)签发的带CMA/CNAS认可标识的校准标签可以加贴在被校准的仪器(物品)上,并且认可标识应置于标签上部的适当位置。

(2)带CMA/CNAS认可标识的校准标签通常应包含以下信息:

①认可标识;
②获认可的校准实验室的名称或注册号;
③仪器(物品)唯一性标识;
④本次校准日期;
⑤校准标签引用的校准证书。

10.4.3 认可状态的声明

(1)获认可的校准实验室可以在证书、文件、办公用品、宣传品、网页等上声明其认可状态。

(2)获认可的校准实验室只能在认可证书有效期内做出认可状态声明,并用准确的文字表述被认可的能力范围,不得与其或其母体组织的其他活动有关。

(3)认可状态声明不应产生误导,使客户误认为CMA/CNAS对获认可校准实验室出具的结果及其意见或解释负责。

(4)获认可的校准实验室不得将认可声明用于被校准仪器(物品)或产品上,使客户误认为产品已获认证。

(5)获认可的校准实验室签发的带有认可状态声明的校准证书应由授权签字人签发。

(6)获认可的校准实验室在非认可范围内的所有活动中,不得在相关的往来函件中含有认可状态声明的描述,其他相关的材料也不能提及或暗示或CMA/CNAS认可。

10.4.4 认可标识使用的监督

(1)技术负责人对认可标识的使用实施监督检查,对认可标识不符合使用的处理执行SHWGCLAB-PD11-18《不符合工作的控制程序》,进行收集、识别、确认,并对纠正情况进行跟踪验证。

(2)技术负责人将监督检查的结果定期向质量负责人汇报,并由质量负责人签署处理意见后实施。

(3)技术负责人对认可标识不符合使用处理记录进行整理保存,年底归档管理。

10.5 相关程序

SHWGCLAB-PD11-18《不符合工作的控制程序》；
SHWGCLAB-PD12-18《实施纠正措施程序》；
SHWGCLAB-PD13-18《实施预防措施程序》。

10.6 文件修改记录

修订说明	修订页数	修订日期	批准

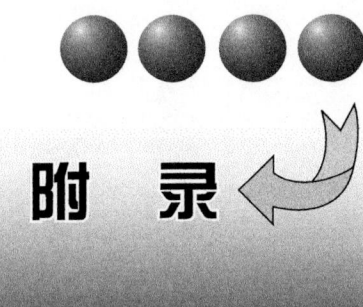

附 录

附录 A ISO/IEC 17025:2017、RB/T 214—2017 对应章节

表 A.1 CNAS CL01:2018 和 CL01-G001:2018 管理要素与程序文件对照表

对应的管理体系文件 ISO17025 条款号/要素名称		质量手册 SHWGCLAB-QM （本书第一部分）	程序文件 SHWGCLAB-PD	
4 通用要求		第 2 章		
4.1	公正性	前言、第 2.1 节	第 9.1 节	保证公正性和诚实性程序（SHWGCLAB-PD01-18）
4.2	保密性	前言、第 2.2 节	第 9.2 节	保护客户机密信息和所有权控制程序（SHWGCLAB-PD02-18）
5 结构要求		第 1 章、第 2.3 节		
6 资源要求		第 3 章		
6.1	总则	第 3.1 节		
6.2	人员	第 3.2 节	第 10.1 节 第 10.2 节	质量监督管理程序（SHWGCLAB-PD03-18） 人员培训和考核程序（SHWGCLAB-PD17-18）
6.3	设施和环境条件	第 3.3 节	第 10.3 节 第 10.4 节	环境控制程序（SHWGCLAB-PD18-18） 实验室安全和内务管理程（SHWGCLAB-PD19-18）
6.4	设备	第 3.4 节	第 10.5 节 第 10.6 节 第 10.7 节	仪器设备管理程序（SHWGCLAB-PD24-18） 计量标准管理程序（SHWGCLAB-PD26-18） 标准物质管理程序（SHWGCLAB-PD39-18）
6.5	计量溯源性	第 3.5 节	第 10.8 节 第 10.9 节	测量可溯源程序（SHWGCLAB-PD25-18） 期间核查程序（SHWGCLAB-PD27-18）
6.6	外部提供的产品和服务	第 3.6 节	第 10.10 节 第 10.11 节	校准和检测分包管理程序（SHWGCLAB-PD07-18） 外部服务和供应品采购管理程序（SHWGCLAB-PD08-18）
7 过程要求		第 4 章	第 11.1 节 第 11.2 节 第 11.3 节	服务客户工作程序（SHWGCLAB-PD09-18） 检定/校准和检测工作管理程序（SHWGCLAB-PD31-18） 现场检定/校准和检测工作管理程序（SHWGCLAB-PD32-18）
7.1	要求、标书和合同评审	第 4.1 节	第 11.4 节	合同评审控制程序（SHWGCLAB-PD06-18）
7.2	方法的选择、验证和确认	第 4.2 节	第 11.5 节 第 11.6 节 第 11.7 节	评审新工作程序（SHWGCLAB-PD20-18） 检定/校准和检测方法及方法确认程序（SHWGCLAB-PD21-18） 例外允许偏离控制程序（SHWGCLAB-PD35-18）

续表

ISO17025 条款号/要素名称	对应的管理体系文件 质量手册 SHWGCLAB-QM（本书第一部分）	程序文件 SHWGCLAB-PD
7.3	抽样	第4.3节	第11.8节 抽样管理程序(SHWGCLAB-PD28-18)
7.4	检测或校准物品的处置	第4.4节	第11.9节 检定/校准和检测仪器(物品)管理程序(SHWGCLAB-PD29-18)
7.5	技术记录	第4.5节	第11.10节 记录控制程序(SHWGCLAB-PD14-18)
7.6	测量不确定度的评定	第4.6节	第11.11节 测量不确定度评定控制程序(SHWGCLAB-PD22-18)
7.7	确保结果有效性	第4.7节	第11.12节 检定/校准和检测结果的质量保证控制程序(SHWGCLAB-PD30-18) 第11.13节 能力验证程序(SHWGCLAB-PD36-18)
7.8	报告结果	第4.8节	第11.14节 检定/校准证书和检测报告管理工作程序(SHWGCLAB-PD33-18)
7.9	投诉	第4.9节	第11.15节 处理投诉程序(SHWGCLAB-PD10-18)
7.10	不符合工作	第4.10节	第11.16节 不符合工作的控制程序(SHWGCLAB-PD11-18) 第11.17节 事故报告程序(SHWGCLAB-PD38-18)
7.11	数据控制和信息管理	第4.11节	第11.18节 数据控制程序(SHWGCLAB-PD23-18) 第11.19节 计算机数据保护与软件管理程序(SHWGCLAB-PD05-18)
8 管理体系要求	第5章	
8.1	方式	第5.1节	
8.2	管理体系文件（方式A）	第1章、第5.2节	
8.3	管理体系文件的控制（方式A）	第5.3节	第12.1节 文件控制程序(SHWGCLAB-PD04-18)
8.4	记录控制（方式A）	第5.4节	第12.2节 资料及其归档管理程序(SHWGCLAB-PD34-18)
8.5	应对风险和机遇的措施（方式A）	第5.5节	第12.3节 风险评估和风险控制程序(SHWGCLAB-PD40-18) 第12.4节 实施预防措施程序(SHWGCLAB-PD13-18)
8.6	改进（方式A）	第5.6节	第11.1节 服务客户工作程序(SHWGCLAB-PD09-18)
8.7	纠正措施（方式A）	第5.7节	第12.5节 实施纠正措施程序(SHWGCLAB-PD12-18)
8.8	内部审核（方式A）	第5.8节	第12.6节 内部审核管理程序(SHWGCLAB-PD15-18)
8.9	管理评审（方式A）	第5.9节	第12.7节 管理评审程序(SHWGCLAB-PD16-18)
其他要求		第13.1节 认可标识使用和认可状态声明管理程序(SHWGCLAB-PD37-18)

附录 A ISO/IEC 17025:2017、RB/T 214—2017 对应章节

表 A.2 RB/T214-2017 管理要素与本体系文件对照表

RB/T 214 条款号/要素名称		对应的管理体系文件 质量手册 SHWGCLAB-QM (本书第一部分)	程序文件 SHWGCLAB-PD
4.1	机构	前言、第4章、第5章	SHWGCLAB-PD01-18 保证公正性和诚实性程序
4.2	人员	第6.2节	SHWGCLAB-PD17-18 人员培训和考核程序 SHWGCLAB-PD03-18 质量监督管理程序
4.3	场所环境	第6.3节	SHWGCLAB-PD18-18 环境控制程序 SHWGCLAB-PD19-18 实验室安全和内务管理程序
4.4	设备设施	第6.4节	SHWGCLAB-PD24-18 仪器设备管理程序
4.4.1	设备设施的配备	第6.4节	SHWGCLAB-PD20-18 评审新工作程序
4.4.2	设备设施的维护	第6.4节	SHWGCLAB-PD24-18 仪器设备管理程序
4.4.3	设备管理	第6.4节 第6.5节	SHWGCLAB-PD24-18 仪器设备管理程序 SHWGCLAB-PD26-18 计量标准管理程序 SHWGCLAB-PD25-18 测量可溯源程序 SHWGCLAB-PD27-18 期间核查程序
4.4.4	设备控制	第6.4节	SHWGCLAB-PD24-18 仪器设备管理程序
4.4.5	故障处理	第6.4节	SHWGCLAB-PD24-18 仪器设备管理程序
4.4.6	标准物质	第6.4节	SHWGCLAB-PD39-18 标准物质管理程序
4.5	管理体系	第2章、第3章、第8章	
4.5.1	总则	第7章	SHWGCLAB-PD31-18 检定/校准和检测工作管理程序 SHWGCLAB-PD32-18《现场检定/校准和检测工作管理程序》
4.5.2	方针目标	第2章	
4.5.3	文件控制	第8.3节	SHWGCLAB-PD04-18 文件控制程序
4.5.4	合同评审	第7.1节	SHWGCLAB-PD06-18 合同评审控制程序
4.5.5	分包	第6.6节	SHWGCLAB-PD07-18 校准和检测分包管理程序
4.5.6	采购	第6.6节	SHWGCLAB-PD08-18 外部服务和供应品采购管理程序
4.5.7	服务客户	第8.6节	SHWGCLAB-PD09-18 服务客户工作程序
4.5.8	投诉	第7.9节	SHWGCLAB-PD10-18 处理投诉程序
4.5.9	不符合工作控制	第7.10节	SHWGCLAB-PD11-18 不符合工作的控制程序 SHWGCLAB-PD38-18 事故报告程序
4.5.10	纠正措施、应对风险和机遇的措施和改进	第8.5节 第8.6节 第8.7节	SHWGCLAB-PD12-18 实施纠正措施程序 SHWGCLAB-PD40-18 风险评估和风险控制程序 SHWGCLAB-PD13-18 实施预防措施程序
4.5.11	记录控制	第7.5节	SHWGCLAB-PD14-18 记录控制程序
4.5.12	内部审核	第8.8节	SHWGCLAB-PD15-18 内部审核管理程序
4.5.13	管理评审	第8.9节	SHWGCLAB-PD16-18 管理评审程序
4.5.14	方法的选择、验证和确认	第7.2节	SHWGCLAB-PD20-18 评审新工作程序 SHWGCLAB-PD21-18 检定/校准和检测方法及方法确认程序 SHWGCLAB-PD35-18 例外允许偏离控制程序

续表

对应的管理体系文件 RB/T 214 条款号/要素名称	质量手册 SHWGCLAB-QM（本书第一部分）	程序文件 SHWGCLAB-PD
4.5.15 测量不确定度	第7.6节	SHWGCLAB-PD22-18 测量不确定度评定控制程序
4.5.16 数据信息管理	第7.11节	SHWGCLAB-PD23-18 数据控制程序 SHWGCLAB-PD05-18 计算机数据保护与软件管理程序
4.5.17 抽样	第7.3节	SHWGCLAB-PD28-18 抽样管理程序
4.5.18 样品处置	第7.4节	SHWGCLAB-PD29-18 检定/校准和检测仪器（物品）管理程序
4.5.19 结果有效性	第7.7节	SHWGCLAB-PD30-18《检定/校准和检测结果的质量保证控制程序》 SHWGCLAB-PD36-18 能力验证程序
4.5.20 结果报告	第7.8节	SHWGCLAB-PD33-18 检定/校准证书和检测报告管理工作程序
4.5.21 结果说明	第7.8节	SHWGCLAB-PD33-18 检定/校准证书和检测报告管理工作程序
4.5.22 抽样结果	第7.8节	SHWGCLAB-PD33-18 检定/校准证书和检测报告管理工作程序
4.5.23 意见和解释	第7.8节	SHWGCLAB-PD33-18 检定/校准证书和检测报告管理工作程序
4.5.24 分包结果	第7.8节	SHWGCLAB-PD33-18 检定/校准证书和检测报告管理工作程序
4.5.25 结果传送和格式	第7.8节	SHWGCLAB-PD33-18 检定/校准证书和检测报告管理工作程序
4.5.26 修改	第7.8节	SHWGCLAB-PD33-18 检定/校准证书和检测报告管理工作程序
4.5.27 记录和保存	第7.5节 第8.4节	SHWGCLAB-PD14-18 记录控制程序 SHWGCLAB-PD34-18 资料及其归档管理程序
其他要求		SHWGCLAB-PD37-18 认可标识使用和认可状态声明管理程序

附录 B 管理体系要素岗位分配表

要素＼岗位	中心主任	技术负责人	质量负责人	实验室负责人	授权签字人	内审员	监督员	设备管理员	档案管理员	样品管理员	检/校验员
4.1 公正性	▲	○	○	○	○	○	○	○	○	○	○
4.2 保密性	▲	○	○	○	○	○	○	○	○	○	○
5 结构要求	▲	○	○	○							
6.2 人员	○	▲	○	○							
6.3 设施和环境条件		▲	○	●				○			
6.4 设备		▲	○	○				●			○
6.5 计量溯源性		▲		●				○			
6.6 外部提供的产品和服务	▲	●	○					○			
7.1 要求、标书和合同的评审		▲		○							○
7.2 方法的选择、验证和确认		▲	○	●			○				
7.3 抽样		▲		●							
7.4 检测物品的处理		▲		●			○			○	
7.5 技术记录		▲		●	○		○		○		
7.6 测量不确定度评定		▲		●	○			○			
7.7 确保结果的有效性		▲	○	●	○		○				
7.8 报告结果		○		●	▲						
7.9 投诉	○	○	▲	○							○
7.10 不符合工作		●	▲				○				
7.11 数据控制和信息管理		▲	○	●			○	○			
8.2 管理体系文件	▲	○	●	○	○	○	○	○	○	○	○
8.3 管理体系文件控制		●	▲						○		
8.4 记录控制			▲	●							
8.5 应对风险和机遇的措施	○	○	▲	●							
8.6 改进	▲		●	○		○		○	○	○	○
8.7 纠正措施	▲	○		●		○		○	○	○	○
8.8 内部审核		○	▲	○		●					○
8.9 管理评审		▲	○	●	○			○			○

注：▲负责策划　●组织实施　○参加活动

附录 C 质检中心各岗位任职资格和岗位职责

C.1 中心主任

C.1.1 任职条件

(1)应具有较高的管理能力和政策水平,熟悉计量业务;

(2)大学本科及以上学历,具有工程师及以上技术职称,从事质量管理、检定/校准和检测工作经历 5 年以上。

C.1.2 职责权力

(1)贯彻执行国家相关法律、法规和政策,全面负责中心工作;

(2)在中国气象局上海物资管理处的质量方针和总体目标的框架下,制定中心的质量方针和总体目标,发布质量方针声明,并在管理评审时加以评审;

(3)依据认可准则要求,组织建立、实施保持并持续改进与本中心检定/校准和检测活动范围相适应的管理体系;

(4)确定组织结构,任命执行层人员,分配关键质量职责和权力代理;

(5)对中心的管理体系、检定/校准和检测活动进行评审,以确保其持续适用和有效,并进行必要的变更或改进;

(6)将中心的政策、制度以及管理体系文件传达至有关人员,并被其理解、获取和执行。确保本中心人员理解他们活动的相互关系和重要性,以及如何为管理体系总体目标的实现做出贡献;

(7)宣贯满足外部客户、中国气象局上海物资管理处的要求和相关法律法规要求的重要性;

(8)主管财务、人力资源和安全工作,确保管理体系正常运行所需资源(人、财、物);

(9)建立中心内部沟通机制,及时处理检定/校准和检测工作中的重大问题;

(10)保质保量、按时完成中国气象局上海物资管理处下达的各项检定/校准和检测任务,为本中心质量方针和总体目标的实现提供技术支持和保障;

(11)批准或授权批准合同或终止履行合同,承担检定/校准和检测活动中的连带民事责任;

(12)具有中心的最高决策权和否决权;

(13)制定事业发展规划,开拓市场发展;
(14)批准分包合同或协议及消耗品采购计划、量值溯源计划和人员培训计划;
(15)完成上级交办的其他工作。

C.2 中心副主任

C.2.1 任职条件

(1)应具有较高的管理能力和政策水平,熟悉计量业务;
(2)大学本科及以上学历,具有工程师及以上技术职称,从事质量管理、检定/校准和检测工作经历5年以上。

C.2.2 职责权力

(1)贯彻执行国家计量法律、法规和本中心各项规章制度;
(2)协助中心主任开展中心内业务,分管质量、行政管理和安全等工作;
(3)制定行为规范,保证独立性、公正性和诚实性;
(4)编制和下达检定/校准和检测计划,并监督计划的执行;
(5)根据有关规定,负责本中心所属部门和个人的奖惩考核;
(6)组织实施部门委托的机构、标准和人员考核工作;
(7)负责审核《质量手册》和程序文件,并组织宣贯;
(8)中心主任不在时代理其职责;
(9)完成上级交办的其他工作。

C.3 技术负责人

C.3.1 任职条件

(1)具有高级工程师及以上技术职称,熟悉业务;
(2)大学本科及以上学历,从事检定/校准和检测相关工作经历5年以上。

C.3.2 职责权力

(1)全面负责技术运作和确保技术运作质量所需的资源;
(2)保持和不断提高技术能力,组织新项目和新方法评审,确定检定/校准和检测能力范围;
(3)组织制定检定/校准和检测技术工作的作业指导书,并予以审核和批准;
(4)协助质量负责人开展技术性投诉的调查;
(5)组织和批准编制各类技术文件,建立技术记录的管理和控制体系;
(6)参加管理评审和内审;
(7)至少每年一次确定每个技术人员的培训需求,组织开展员工培训和考核;

(8)保证检定/校准和检测工作质量;
(9)质量负责人不在时代理其职责;
(10)完成上级交办的其他工作。

C.4 质量负责人

C.4.1 任职条件

(1)熟悉认可准则及相关认可规范文件;
(2)熟悉本中心管理体系文件,具有内审员资格;
(3)具有工程师及以上技术职称;
(4)大学本科及以上学历,从事质量管理、检定/校准和检测工作经历5年以上。

C.4.2 职责权力

(1)保证管理体系得到实施和遵循;
(2)归口与中国气象局/CNAS/认监委的联系,及时了解认可准则的要求;
(3)负责质量手册和程序文件编写,并维护其有效性;监督管理体系文件的执行情况,对执行中出现的问题和违反文件规定的行为给予及时的解决和纠正;
(4)落实各项质量管理的具体职责和提出管理要求;
(5)组织建立本中心的档案管理体系;
(6)组织管理性纠正和预防措施的实施;
(7)制定内审计划,组织开展管理体系内部审核;
(8)培训内审员,评价内审员的工作;
(9)参加管理评审,有权直接向中心主任报告管理体系存在的问题;
(10)对检定/校准和检测工作质量进行监督和检查;
(11)不符合工作的控制;
(12)技术负责人不在时代理其职责;
(13)完成上级交办的其他工作。

C.5 授权签字人

C.5.1 任职条件

(1)具有本专业工程师及以上技术职称;或大专毕业后,从事专业技术工作7年以上;或大学本科毕业后,从事相关专业5年以上;或硕士学位及以上,从事相关专业2年以上。
(2)了解测量标准以及被校设备的工作原理;
(3)熟悉测量标准和被校设备的使用方法;
(4)掌握"检测"方法涉及的测量原理;
(5)掌握"检测"结果相关的数据处理,能够正确应用和报告测量不确定度;

(6)能够正确使用规范的计量学名词术语和计量单位。

C.5.2 职责权力

(1)经考核、认可、授权签发检定/校准证书和检测报告,包括带 CNAS 认可标识(ILAC 互认标识)和 CMA 认证标识的校准证书和检测报告;
(2)对检定/校准和检测结果的完整性和准确性负责;
(3)与检定/校准和检测技术接触紧密,掌握检定/校准和检测项目限制范围;
(4)熟悉有关检定/校准和检测技术标准及测量方法;
(5)对相关检定/校准和检测结果进行不确定度评定;
(6)了解有关设备维护保养及定期检定/校准的规定,掌握其检定/校准状态;
(7)十分熟悉记录、报告及其核查程序;
(8)熟悉认可/认证规则,特别是获准认可/认证和授权机构义务,以及带认可/认证标识校准证书和检测报告的使用规定;
(9)完成上级交办的其他工作。

C.6 质量监督员

C.6.1 任职条件

(1)熟悉各项检定/校准和检测方法、程序、目的和结果评价,能够评定测量不确定度;
(2)大学本科及以上学历,从事检定/校准和检测工作经历3年以上。

C.6.2 职责权力

(1)从检定/校准和检测仪器(物品)的接收、环境条件监控和记录、仪器设备操作和保养维护、检定/校准和检测方法的正确应用、测量溯源、原始数据记录等,到提供测量结果报告的全过程,对检定/校准和检测人员,包括在培员工和关键支持人员进行日常监督;
(2)记录/报告日常监督情况,监督中发现或怀疑检定/校准和检测存在质量问题时,应及时纠正并予以记录。分析发现的问题并提出纠正措施/预防措施建议;
(3)组织实施测量结果质量监控计划,报告质量监控结果;
(4)负责和完成管理体系文件规定的各项工作;
(5)完成上级交办的其他工作。

C.7 内部审核员

C.7.1 任职条件

(1)内部审核员(简称内审员)应专门接受过审核技巧和审核过程方面的培训,考核合格,取得内审员证,并经有效的授权;
(2)熟悉内审目的、具备其所审核的活动充分的技术知识;

(3)大学本科及以上学历,从事管理、检定/校准和检测工作经历3年以上。

C.7.2 职责权力

(1)根据审核组长分配的任务负责开展内部审核工作,编制内审检查表;
(2)对内审工作公正性和独立性负责;
(3)处理内部审核中发现的问题,提出不符合项,验证整改措施的有效性;
(4)完成上级交办的其他工作。

C.8 检测员

C.8.1 任职条件

(1)具有相关专业大专及以上学历,如果学历或专业不满足,应有10年以上相关检定/校准或检测经历。关键技术人员,如进行检定/校准或检测方法验证或确认的人员,签发证书或报告人员,除满足上述学历要求外,还应有3年以上本专业的检定/校准或检测经历。
(2)经过专业培训、考核合格后持证上岗,其能力、资格、职责应满足认可准则及相应法规的要求;
(3)了解测量标准以及被检定/校准或检测设备的工作原理;
(4)熟悉测量标准和被检定/校准或检测设备的使用方法;
(5)掌握检定/校准或检测方法涉及的测量原理;
(6)掌握检定/校准或检测结果相关的数据处理,能够正确应用和报告测量不确定度;
(7)能够正确使用规范的计量学名词术语和计量单位。

C.8.2 职责权力

(1)按照检定规程/校准规范和标准以及本中心批准的技术文件开展工作,做好检定/校准和检测原始记录,保证其原始记录及相关技术资料客观、真实、完整、清晰;
(2)确保所出具的检定/校准证书和检测报告公正、准确,对其出具的证书和报告负责;
(3)有责任和权利核查原始记录、检定/校准证书和检测报告;与客户一起评价检定/校准和检测结果以及检定/校准证书和检测报告;
(4)熟悉测量溯源体系,能绘制所从事的检定/校准和检测参数量值溯源图;
(5)熟悉数据修约,对相关检定/校准和检测结果进行不确定度评定;
(6)熟悉检定规程/校准规范和检测技术标准及方法。
(7)积极参与本专业的能力比对验证工作和技术培训,努力提高技术水平;
(8)对测量标准及设备定期维护和保养,并按计划进行量值溯源和期间核查;
(9)做好本室内务整理工作,保持环境、设施和设备安全、整洁、有序;
(10)在确保其他客户机密的前提下,接受客户现场监视与他相关的检测活动;
(11)参与检定/校准和检测设备与方法研究;
(12)完成上级交办的其他工作。

C.9 核验员

C.9.1 任职条件

(1)具有相关专业大专及以上学历,如果学历或专业不满足,应有10年以上相关检定/校准或检测经历。除满足上述学历要求外,还应有3年以上本专业的检定/校准或检测经历。
(2)经过专业培训、考核合格后持证上岗,其能力、资格、职责应满足认可准则及相应法规的要求;
(3)了解测量标准以及被校设备的工作原理;
(4)熟悉测量标准和被校设备的使用方法;
(5)掌握校准方法涉及的测量原理;
(6)掌握校准结果相关的数据处理,能够正确应用和报告测量不确定度;
(7)能够正确使用规范的计量学名词术语和计量单位。

C.9.2 职责权力

(1)核验使用的检定/校准和检测方法是否正确;
(2)核验环境设施条件是否符合检定/校准和检测要求;
(3)核验原始记录信息是否正确、清晰、完整;
(4)核验数据处理结果是否正确;
(5)核验出具的证书和报告与原始记录信息的一致性,对其核验的原始记录和证书负责;
(6)开展检定/校准和检测质量保证活动,接受各种监督检查和审核;
(7)在确保其他客户机密的前提下,接受客户现场监视与他相关的检测活动;
(8)有权抵制有违公正性、准确性、诚实性和保密性的任何不良行政干预;
(9)完成上级交办的其他工作。

C.10 安全管理员

C.10.1 任职条件

(1)具有大专及以上学历,从事检定/校准和检测工作经历1年以上。
(2)经过专业培训、考核合格后持证上岗;

C.10.2 职责权力

(1)参与本中心检定/校准和检测的安全管理工作;
(2)参与检定/校准和检测工作的安全监督检查工作;
(3)针对监督检查工作中发现的安全质量问题与隐患,及时进行纠正;
(4)参与检定/校准和检测工作中的安全保证措施,并监督实施;

(5)记录并定期报告安全监督工作；
(6)参与对员工安全知识的宣贯；
(7)完成上级交办的其他工作。

C.11　档案管理员

C.11.1　任职条件

(1)具有大专及以上学历,从事检定/校准和检测工作经历1年以上。
(2)经过专业培训、考核合格后持证上岗；

C.11.2　职责权力

(1)识别本中心的文档管理系统；
(2)负责建立档案资料的控制系统并立卷与保管；
(3)负责收集、保管、发放文件资料；
(4)维护资料、文件、档案的有效性和完整性；
(5)保守文件的秘密；
(6)监督在用文件的有效性；
(7)有权阻止使用非受控文件；
(8)完成上级交办的其他工作。

C.12　设备管理员

C.12.1　任职条件

(1)具有大专及以上学历,具有所从事专业相关的技术知识和技能,从事检定/校准和检测工作经历3年以上；
(2)经过专业培训、考核合格后持证上岗,其能力、资格、职责应满足认可准则及相应法规的要求；
(3)了解测量标准以及被校设备的工作原理；
(4)熟悉测量标准和被校设备的使用方法；
(5)掌握校准方法涉及的测量原理；
(6)掌握校准结果相关的数据处理,能够正确应用和报告测量不确定度；
(7)能够正确使用规范的计量学名词术语和计量单位。

C.12.2　职责权力

(1)正确识别本专业实验室仪器设备的配置要求和运行状况,熟悉和掌握所用仪器设备的技术性能,严格执行设备操作规程；
(2)建立设备台账和档案管理控制系统并维护其有效性；

(3)参与设备的购置、验收、维修和报废工作;
(4)监督设备的正确使用;
(5)熟悉测量溯源体系,能绘制所从事的检定/校准和检测参数量值溯源图;
(6)制定设备维护计划,对负责保管的计量标准等进行定期维护、保养,溯源,确保计量器具性能;
(7)设备标识状态管理和监督检查;
(8)有权阻止不合格的仪器设备投入使用;
(9)完成上级交办的其他工作。

C.13 样品管理员

C.13.1 任职条件

具有高中及以上学历。

C.13.2 职责权力

(1)建立仪器(物品)及随物资料的管理控制系统;
(2)接受客户的检定/校准和检测申请;
(3)与客户草拟检定/校准和检测合同或协议;
(4)负责与客户交接仪器(物品)及资料;
(5)负责仪器(物品)的存放与保管及维护;
(6)负责保管涉密技术文件和仪器(物品);
(7)监督检定/校准和检测仪器(物品)的管理;
(8)监督检定/校准和检测费用的收取;
(9)向客户发放检定/校准证书和检测报告;
(10)有权制止一切有违保密原则的行为;
(11)完成上级交办的其他工作。

C.14 见习人员

(1)自觉贯彻本中心的质量方针,执行员工守则;
(2)保守检定/校准和检测秘密;严格遵守行为准则;
(3)接受培训与考核;
(4)在监督员的指导和监督下开展检定/校准和检测工作;
(5)熟悉并掌握设备性能;
(6)努力学习和掌握检定/校准和检测标准、方法、程序和使用要求;
(7)完成上级交办的其他工作。
备注:对于技术负责人和授权签字人,以下情况可视为中级职称的同等能力。
(1)博士研究生毕业,从事相关专业检测和校准活动1年及以上;

(2)硕士研究生毕业,从事相关专业检测和校准活动 3 年及以上;
(3)大学本科毕业,从事相关专业检测和校准活动 5 年及以上;
(4)大学专科毕业,从事相关专业检测和校准活动 8 年及以上。

附录 D 程序文件及记录清单

序号	程序文件编号	程序文件名称	文件编号	记录名称
1	SHWGCLAB-PD01-18	保证公正性和诚实性程序	SHWGCLAB-RD01-01	实验室行为准则执行情况检查表
2	SHWGCLAB-PD02-18	保护客户机密信息和所有权控制程序	SHWGCLAB-RD02-01	泄密情况处置报告表
3	SHWGCLAB-PD03-18	人员监督和能力监控管理程序	SHWGCLAB-RD03-01	人员能力监控计划
			SHWGCLAB-RD03-02	人员能力监控记录表
			SHWGCLAB-RD03-03	人员岗位能力确认表
			SHWGCLAB-RD03-04	人员监督记录表
4	SHWGCLAB-PD04-18	文件控制程序	SHWGCLAB-RD04-01	内部文件申请表
			SHWGCLAB-RD04-02	文件审查记录
			SHWGCLAB-RD04-03	管理体系文件清单
			SHWGCLAB-RD04-04	文件发放/回收单
			SHWGCLAB-RD04-05	文件报废单
			SHWGCLAB-RD04-06	文件更改或再版申请
			SHWGCLAB-RD04-07	文件借阅/复制申请表
			SHWGCLAB-RD04-08	文件借阅登记表
			SHWGCLAB-RD04-09	文件销毁登记表
5	SHWGCLAB-PD05-18	计算机数据保护与软件管理程序	SHWGCLAB-RD05-01	软件更改记录
6	SHWGCLAB-PD06-18	合同评审控制程序	SHWGCLAB-RD06-01	合同评审记录表
			SHWGCLAB-RD06-02	客户委托单(仪器提取凭证)
7	SHWGCLAB-PD07-18	校准和检测分包管理程序	SHWGCLAB-RD07-01	分包项目申请表
			SHWGCLAB-RD07-02	合格供方评价记录表
			SHWGCLAB-RD07-03	合格供方名录
			SHWGCLAB-RD07-04	合格供方工作记录表
8	SHWGCLAB-PD08-18	外部服务和供应品采购管理程序	SHWGCLAB-RD08-01	物资采购计划单
			SHWGCLAB-RD08-02	仪器设备验收报告
9	SHWGCLAB-PD09-18	服务客户工作程序	SHWGCLAB-RD09-01	客户满意度调查表
10	SHWGCLAB-PD10-18	处理投诉程序	SHWGCLAB-RD10-01	客户申诉及处理结果记录
11	SHWGCLAB-PD11-18	不符合工作的控制程序	SHWGCLAB-RD11-01	不符合工作通知单

续表

序号	程序文件编号	程序文件名称	文件编号	记录名称
12	SHWGCLAB-PD12-18	实施纠正措施程序	SHWGCLAB-RD12-01	不符合项整改措施计划
13	SHWGCLAB-PD13-18	实施预防措施程序	SHWGCLAB-RD13-01	潜在不符合（合格）调查分析记录
			SHWGCLAB-RD14-02	预防措施处理单
14	SHWGCLAB-PD14-18	记录控制程序		
15	SHWGCLAB-PD15-18	内部审核管理程序	SHWGCLAB-RD15-01	年度内部审核计划
			SHWGCLAB-RD15-02	内部审核实施计划
			SHWGCLAB-RD15-03	内部审核日程表
			SHWGCLAB-RD15-04	内部审核检查表
			SHWGCLAB-RD15-05	不符合项报告
			SHWGCLAB-RD15-06	内部审核报告
			SHWGCLAB-RD15-07	内部审核不符合项分布表
			SHWGCLAB-RD15-08	内部审核文件/资料移交归档清单
			SHWGCLAB-RD15-09	签到表
16	SHWGCLAB-PD16-18	管理评审程序	SHWGCLAB-RD16-01	管理评审计划表
			SHWGCLAB-RD16-02	管理评审通知单
			SHWGCLAB-RD16-03	管理评审报告
			SHWGCLAB-RD16-04	会议记录表
			SHWGCLAB-RD16-05	管理体系运行及技术能力维持状况自查表
			SHWGCLAB-RD16-06	管理评审改进措施计划表
17	SHWGCLAB-PD17-18	人员培训和考核程序	SHWGCLAB-RD17-01	人员培训需求计划表
			SHWGCLAB-RD17-02	人员培训记录表
			SHWGCLAB-RD17-03	培训有效性评估表
			SHWGCLAB-RD17-04	人员资历记录表
18	SHWGCLAB-PD18-18	环境控制程序	SHWGCLAB-RD18-01	实验室环境条件及影响评价表
			SHWGCLAB-RD18-02	实验室环境监控记录表
19	SHWGCLAB-PD19-18	实验室安全和内务管理程序	SHWGCLAB-RD19-01	外来人员登记表
20	SHWGCLAB-PD20-18	评审新工作程序	SHWGCLAB-RD20-01	新项目申请表
			SHWGCLAB-RD20-02	新项目评审表
			SHWGCLAB-RD20-03	新项目验收表
21	SHWGCLAB-PD21-18	检定/校准和检测方法及方法确认程序	SHWGCLAB-RD21-01	规程/规范和标准查新报告
			SHWGCLAB-RD21-02	检定/校准和检测方法证实表
			SHWGCLAB-RD21-03	在用现行有效的规程、规范和标准目录
22	SHWGCLAB-PD22-18	测量不确定度评定控制程序		
23	SHWGCLAB-PD23-18	数据控制程序		

附录 D 程序文件及记录清单

续表

序号	程序文件编号	程序文件名称	文件编号	记录名称
24	SHWGCLAB-PD24-18	仪器设备管理程序	SHWGCLAB-RD24-01	仪器设备台账
			SHWGCLAB-RD24-02	设备运行记录
			SHWGCLAB-RD24-03	计量标准设备借出登记审批表
			SHWGCLAB-RD24-04	仪器设备检修单
			SHWGCLAB-RD24-05	仪器设备报废/停用/降级/更换申报表
25	SHWGCLAB-PD25-18	测量可溯源程序	SHWGCLAB-RD25-01	年度仪器仪表溯源计划表
			SHWGCLAB-RD25-02	外部检定或校准服务确认记录
26	SHWGCLAB-PD26-18	计量标准管理程序		
27	SHWGCLAB-PD27-18	期间核查程序	SHWGCLAB-RD27-01	年度期间核查计划
			SHWGCLAB-RD27-02	期间核查报告(参考量值 xS 未知)
			SHWGCLAB-RD27-03	期间核查报告(参考量值 xS 已知)
28	SHWGCLAB-PD28-18	抽样管理程序	SHWGCLAB-RD28-01	抽样登记表
29	SHWGCLAB-PD29-18	检定/校准和检测仪器(物品)管理程序	SHWGCLAB-RD29-01	检定/校准和检测仪器流转信息登记表
30	SHWGCLAB-PD30-18	检定/校准和检测结果的质量保证控制程序	SHWGCLAB-RD30-01	参加实验室间比对一览表
			SHWGCLAB-RD30-02	年度能力验证比对及质量监控计划表
			SHWGCLAB-RD30-03	质量监控报告
31	SHWGCLAB-PD31-18	检定/校准和检测工作管理程序	SHWGCLAB-RD31-01	计量器具送检/校准计划及执行情况监督抽查记录
			SHWGCLAB-RD31-02	标准装置期间核查计划及执行情况监督抽查记录
			SHWGCLAB-RD31-03	检定/校准和检测工作现场监督记录
			SHWGCLAB-RD31-04	检定/校准证书和检测报告质量监督抽查记录
			SHWGCLAB-RD31-05	检定/校准和检测工作质量事故分析会议记录
32	SHWGCLAB-PD32-18	现场检定/校准和检测工作管理程序	SHWGCLAB-RD32-01	仪器设备借出/归还登记卡
33	SHWGCLAB-PD33-18	检定/校准证书和检测报告管理工作程序		
34	SHWGCLAB-PD34-18	资料及其归档管理程序	SHWGCLAB-RD34-01	资料归档登记表
35	SHWGCLAB-PD35-18	例外允许偏离控制程序	SHWGCLAB-RD35-01	例外允许偏离申请表

续表

序号	程序文件编号	程序文件名称	文件编号	记录名称
36	SHWGCLAB-PD36-18	能力验证程序	SHWGCLAB-RD36-01	参加能力验证/测量审核计划申请表
			SHWGCLAB-RD36-02	实验室参加能力验证/测量审核结果一览表
37	SHWGCLAB-PD37-18	认可标识使用和认可状态声明管理程序		
38	SHWGCLAB-PD38-18	事故报告程序		
39	SHWGCLAB-PD39-18	标准物质管理程序	SHWGCLAB-RD39-01	标准物质登记表
40	SHWGCLAB-PD40-18	风险评估和风险控制程序	SHWGCLAB-RD40-01	风险记录表
			SHWGCLAB-RD40-02	风险监控表
			SHWGCLAB-RD40-03	风险和机遇评估分析表
			SHWGCLAB-RD40-04	组织内外部环境要素识别表
			SHWGCLAB-RD40-05	风险控制计划表